W0171632

Günther Frosch
Texten für Trainer, Berater, Coachs

Günther Frosch

TEXTEN FÜR TRAINER, BERATER, COACHS

So bringen Sie Ihr Angebot auf den Punkt und formulieren überzeugende Texte

Mit CD-ROM

Bibliografische Information der Deutschen Nationalbibliothek

Die Deutsche Nationalbibliothek verzeichnet diese Publikation
in der Deutschen Nationalbibliografie; detaillierte bibliografische Daten
sind im Internet über http://dnb.d-nb.de abrufbar.

ISBN 978-3-86936-344-8

4., überarbeitete Neuauflage 2012

Umschlaggestaltung: Martin Zech Design, Bremen
    www.martinzech.de
Satz und Layout: Das Herstellungsbüro, Hamburg
    www.buch-herstellungsbuero.de
Druck und Bindung: Salzland Druck, Staßfurt

www.gabal-verlag.de
www.twitter.com/Gabalbuecher
www.facebook.com/gabalbuecher

INHALT

UND JETZT »NUR NOCH« DER TEXT, ODER? – EIN VORWORT

Die Positionierung: geschafft. Das Profil: erarbeitet. Die Zielgruppe: anvisiert. Prima. Und jetzt »nur noch« der Text, oder? So ist sie, die übliche Einstellung zum Thema Text:

- »Text« – das braucht man erst, wenn man mit den Inhalten fertig ist.
- »Text« – das sind die Worte, in die man dann das Angebot kleidet.
- »Text« – das ist Blindtext, den es »nur noch« mit Inhalt zu füllen gilt.

Während an Logo und Corporate Design ausgiebig gefeilt wird, **Stiefkind »Text«** ist man beim Text weniger wählerisch. Selbst die einschlägigen Ratgeber für Trainer, Berater und Coachs widmen sich dem Thema Text nur am Rande und flüchten sich ins Allgemeine:

- »Fassen Sie sich kurz und bringen Sie Ihre Botschaft auf den Punkt.«
- »Verwenden Sie eine verständliche, bildhafte und konkrete Sprache.«
- »Argumentieren Sie den Nutzen.«
- »Die textliche Umgebung muss kurz und prägnant sein.«

Ja – aber wie geht das konkret? Wie funktioniert eine Nutzenargumentation? Was macht Sprache verständlich? Wie werden Sätze kurz? Dazu herrscht Schweigen.

Mit diesem Buch stelle ich Ihnen eine andere Herangehensweise **Text ist das Rückgrat** vor, eine Herangehensweise, die sich im TextCoaching mit mei- **für Ihr Marketing** nen Kundinnen und Kunden seit 1998 bewährt hat: Dabei hinkt nicht der Text dem Prozess der Profilierung und Positionierung hinterher, sondern: Profilierung und Positionierung finden statt im Rahmen der Arbeit mit und am Text.

> **Text – das ist nicht Kleidung oder Kosmetik.**
> **Text ist das Rückgrat für Ihr Marketing.**

Deshalb bekommen Sie in diesem Buch:

Was Sie mit diesem Buch bekommen

- Marketing- und Text-Know-how, damit Sie sich und Ihr Angebot in den Köpfen Ihrer Kunden besser verankern
- Ideen und Beispiele, konkret für Ihren Alltag als Bildungsanbieter: von der Visitenkarte bis zur Website, von der Seminarbeschreibung bis zur Broschüre, vom Ansagetext für Ihre Mailbox bis zum Akquise-Mailing.
- Hinweise, speziell für Trainer, Berater und Coachs, etwa:
  - *wie Sie Überschriften für Ihre Seminarausschreibungen auswählen*
  - *wie Sie Alltagskorrespondenz für Ihr Marketing nutzen*
  - *wie Sie Referenzen aussagekräftig gestalten*
  - *wie Sie Ihr Profil aus dem Chronologie-Korsett befreien*
- Übungen und Empfehlungen zu Ihrem persönlichen Stil, damit Sie sich abheben von den üblichen Trainerfloskeln wie etwa: »Mit breitem Methodenwissen und profunder Coachingkompetenz gestalten wir Veränderungsprozesse.«

Keine Zauberformeln und letzte Wahrheiten

Es gibt aber auch Dinge, die Sie mit diesem Buch nicht bekommen, zum Beispiel Zauberformeln: Bloß weil Sie Ihre Mahnung umtexten, werden zahlungsunwillige oder -unfähige Kunden nicht gleich mit den Geldscheinen wedeln. Bloß weil Sie Ihre Firma »Clever Consulting« oder Ihr Produkt »Happiness Coaching« nennen, haben Sie noch keine Erfolgsgarantie. Und: Sie erhalten keine vorgefertigten Schablonen zum Abschreiben und keine Patentrezepte à la »So schreibt man heute«.

Ich freue mich, wenn Ihnen die vielen Anregungen in diesem Buch für Ihr Marketing nützen. Besonders freue ich mich, wenn Sie durch die Auseinandersetzung mit den Beispielen und Übungen Ihre eigenen Texte entwickeln. Und ich freue mich auch, wenn Sie mir an der einen oder anderen Stelle widersprechen. Denn dann sind Sie auf dem Weg zu Ihrem ganz persönlichen Stil. Ihre Texte sollen für Sie sprechen, nicht für mich.

Ihre Texte sollen für Sie sprechen, nicht für mich

Diesem Buch ist eine CD-ROM beigelegt. Auf ihr finden Sie die meisten der Übungen, Checklisten und Musterbeispiele dieses Buches – und weiteres Material. Ein Symbol weist Sie dann darauf hin.

Und: Gerne unterstütze ich Sie über dieses Buch hinaus mit Text-Coaching. Informationen dazu finden Sie unter www.frosch.biz

Viel Spaß mit diesem Buch wünscht Ihnen

Günther Frosch
kontakt@frosch.biz

1. FÜNF GUTE GRÜNDE FÜR GUTE TEXTE

Für gute Texte sprechen viele gute Gründe. Mit guten Texten lassen sich Menschen überzeugen, Produkte verkaufen, Sympathien gewinnen. Aus meiner täglichen Arbeit als TextCoach lassen sich insbesondere die folgenden fünf Gründe identifizieren. Fünf gute Gründe, die zeigen, dass es sich für Trainer, Berater und Coachs wirklich lohnt, sich mit der eigenen Sprache, den eigenen Texten zu beschäftigen.

GRUND 1: IHRE KUNDEN VERSTEHEN SIE UND DAS BESONDERE IHRES ANGEBOTS

»Ich will, dass potenzielle Kunden mein Angebot sofort verstehen. Für meine besondere Kombination aus Leistung, Know-how und Persönlichkeit will ich eine passende Sprache finden, die das Besondere verdeutlicht.«

Erste Arbeitsprobe Der Text ist Ihre erste »Arbeitsprobe«. Mit Ihrem textlichen Auftritt können Sie das Besondere Ihres Angebots herausheben und sich so vom Einheitsbrei der Mitbewerber abheben. Wenn Sie sich in Allgemeinplätzen verlieren, wenn Sie nicht zum Punkt kommen, wenn Ihre potenziellen Kunden nur »Bahnhof« verstehen – dann ist die Wahrscheinlichkeit hoch, dass Ihr Angebot in Ablage P landet.

> **Für Trainer, Berater und Coachs geht es darum, die Wertigkeit ihres Angebots zu vermitteln.**

Dazu müssen Sie Ihre Zielgruppe kennen, denn nur wenn Sie an Ihrer Zielgruppe wirklich »dran« sind, wissen Sie:

- für welche Probleme Ihre Zielgruppe eine Lösung sucht
- mit welchen Worten Ihre Zielgruppe die aktuelle Herausforderung beschreibt
- für welche Nutzenargumente Ihre Zielgruppe offen ist
- wie viel Fachjargon Ihre Zielgruppe verträgt
- welche sprachlichen Fallen Sie vermeiden können

Mit diesem Hintergrundwissen können Sie Ihre Texte kundenorientiert formulieren. »Kundenorientiert«, das heißt in diesem Zusammenhang: Sie formulieren Ihr Angebot in einer Sprache, die Ihre Kunden verstehen, mit Worten, die aus dem Wortschatz Ihrer Kunden stammen.

Texte kundenorientiert formulieren

GRUND 2: SIE ERZIELEN EINEN WIEDER-ERKENNUNGSEFFEKT UND UNTERSTÜTZEN MARKENBILDUNG

»Ich will, dass alle meine Texte zueinander passen. Jeder Text für sich und alle Texte zusammen sollen ein klares Bild meiner Tätigkeit und den Nutzen vermitteln.«

Flyer und Website – mehr Texte haben Sie gar nicht? Haben Sie doch: Sie schreiben E-Mails und Briefe, Sie schreiben Rechnungen, Sie haben in der Regel eine Visitenkarte, eine Ansage auf Ihrer Mailbox und ein Profil in einem sozialen Netzwerk. Und wenn Sie in den Urlaub fahren, dann erhalten Ihre Kunden einen Autoresponder-Text als E-Mail.

Mit allen Texten können Sie Eindruck machen – aber nur, wenn Ihre Texte durchgängig von hoher Qualität sind und zueinander passen. Die Realität aber sieht häufig so aus:

- ein hochwertiger Prospekt, verschickt mit einem Begleitschreiben, das nach »Amtsschimmel« muffelt
- eine freundliche Kontaktseite im Internet – aber danach die unpersönliche Standard-E-Mail
- eine professionelle Website – und dazu eine allzu private Seite in einem sozialen Netzwerk

So etwas irritiert die Kunden und lässt Zweifel an der Qualität der Leistung aufkommen. Wenn alle Texte aufeinander abgestimmt sind, entsteht ein Wiedererkennungseffekt und die Texte können markenbildend wirken – die Kunden erkennen: »Aha, wieder ein Brief von Beraterin x«. Oder: »Typisch Trainingsinstitut z!«

GRUND 3: SIE GEWINNEN TEXTKOMPETENZ FÜR DEN ALLTAG

»Ich will mir eigene Textkompetenz aufbauen, die ich zum Beispiel für Werbebriefe, aktuelle Beschreibungen meiner Veranstaltungen und Angebote verwenden kann.«

Texte wirken doppelt Nach außen wirken Texte als Akquise- und Marketinginstrument. Nach innen wirkt die Entwicklung von Texten klärend für Ihr Profil und Ihr Selbstmarketing. Und indem Sie Texte entwickeln, gewinnen Sie zugleich Textkompetenz für den Alltag – mit klaren Sprachregelungen, griffigen Textbausteinen und einem sicheren Gespür für Ihren Stil. Die Zeiten, als Sie aus Bequemlichkeit oder mangels Alternativen einfach in die Floskelkiste greifen mussten, sind damit vorbei.

Mehr Textkompetenz – das bedeutet »ganz nebenbei« auch:

- Besserer Service: Sie können auf Anfragen unmittelbar reagieren – in der Sprache, die Ihre Kunden erwarten.
- Weniger Aufwand: Sie erzielen die Reaktionen, die Sie beabsichtigen, und können den Aufwand für Nachfass reduzieren.
- Mehr Selbstbewusstsein: Sie »stehen hinter« Ihren Texten – und das merken Ihre Kunden.

GRUND 4: SIE BRINGEN KLARHEIT IN IHR ANGEBOT

»Ich möchte meine Angebotspalette erweitern, meine Angebote neu gewichten, einen Relaunch starten – darüber will ich meine Kunden informieren.«

Sie haben sich mit einer zusätzlichen Ausbildung qualifiziert und daraus ein neues Angebot für Ihre Kunden entwickelt. Oder: Ein Angebot, das Sie bisher »unter anderem« angeboten haben, soll stärker in den Mittelpunkt rücken. Dann brauchen Sie für Ihr neues Angebot zum Beispiel einen griffigen Seminartitel und einen Beschreibungstext. Allerdings: »Einfach nur« einen zusätzlichen Text auf die Website zu stellen – das reicht in den seltensten Fällen aus.

Zuvor gilt es, die wichtige Frage zu klären: Wie wirkt sich das Angebot aus – auf Ihr Profil, auf Ihr gesamtes Angebot? Auf welche Bereiche strahlt das Neue aus?

Zum Beispiel: Sie wollen Ihr Coaching-Angebot stärker in den Mittelpunkt rücken. Bisher sind Sie im Kopf Ihrer Kunden vor allem als Leiter eines Trainingsinstituts und als Experte für Teamentwicklung präsent. Jetzt rücken Sie selbst, als Person und als Coach stärker in den Mittelpunkt. Und damit gilt es, auf der Homepage neben der Coaching-Seite mindestens Ihre Profil-Seite und die Leistungsübersicht zu überarbeiten. Ihre Kunden sollen die neue innere Logik Ihres Angebots nachvollziehen können.

Oder: Sie haben zusätzlich zu Ihrem »normalen« Kommunikationstraining ein neues Training entwickelt, in dem Sie speziell auf das Thema »Stimme« eingehen. Dann müssen Sie die neue Beschreibung auf jeden Fall mit den Texten für Ihr Basistraining vergleichen. Denn jedes neue Training steht auch in Konkurrenz zum bestehenden Angebot. Die Gefahr: Produktkannibalismus, also Angebote, die sich gegenseitig Kunden wegnehmen.

> **Über die Arbeit am Text können Sie zuverlässig entdecken, wie Sie Ihre Angebote präzise voneinander abgrenzen, und so den unterschiedlichen Nutzen für Ihre Kunden darstellen.**

GRUND 5: SIE ENTWICKELN SICH WEITER

»Ich will jetzt durchstarten, der nächste Professionalisierungsschritt steht an.«

Ihr Akquisematerial hat Sie jetzt einige Zeit lang begleitet. Jetzt geben Sie Ihr Material nur noch mit gemischten Gefühlen heraus und manchmal mit dem Kommentar: »Hier meine Broschüre – aber ich sag Ihnen gleich, einiges stimmt so gar nicht mehr.« Der nächste Entwicklungsschritt steht an. Wie können Sie Ihr verändertes Angebot, Ihre gewachsene (Lebens-)Erfahrung textlich umsetzen?

Die Arbeit an einer neuen Website, einer neuen Broschüre unterstützt Sie dabei. Denn im Grunde ist jede Entscheidung für die eine und gegen die andere Formulierung nichts anderes als Arbeit am eigenen Profil. Die Auseinandersetzung mit dem alten Text und den neuen Ideen, aber auch die Auseinandersetzung mit einem Textcoach oder einem Berater – das fördert den Entwicklungssprung, den Übergang in die »Zone der nächsten Entwicklung«, wie sie der Pädagoge Lew S. Wygotski genannt hat.

Denn ein guter Text ist nicht so sehr die Dokumentation des Status quo, sondern vielmehr ein Versprechen. Ein Versprechen, das Sie in der Zusammenarbeit mit Ihren Kunden einlösen müssen.

Ein guter Text ist ein Versprechen, das Sie einlösen müssen

Und was ist Ihr persönlicher Grund für gute Texte? Wie möchten Sie aus der Arbeit mit diesem Buch profitieren?

MEIN PERSÖNLICHER GRUND FÜR GUTE TEXTE

2. BASIS: DIE GESCHÄFTS-AUSSTATTUNG

Die Geschäftsausstattung, das sind vor allem Ihre Visiten-karte, Ihr Briefpapier, die Zweitseite zum Briefpapier und die Briefumschläge. Und was hat die Geschäftsausstattung mit Text zu tun? Eine ganze Menge. Denn die Geschäftsausstat-tung ist die Basis für Ihre Kommunikation:

- Erstens, weil Briefe, Angebote, Leistungsbeschreibungen, Rechnungen auf die Geschäftsausstattung gedruckt werden.
- Zweitens, weil auch dieses Gerüst bereits einiges an Text enthält. Text, der entscheidend für Ihren Auftritt ist.

DIE VISITENKARTE: SICH EINEN NAMEN MACHEN

Das Dilemma gleich vorweg: Eigentlich dürften Sie die Ge-schäftsausstattung erst zuallerletzt produzieren, nach Broschüre, Website etc., denn insbesondere die Visitenkarte ist das verdich-tete Profil, das kondensierte Angebot. Eigentlich wissen Sie erst am Ende der (Neu-)Positionierung, was genau da stehen sollte.

Aber: Nicht immer haben Sie die Zeit für Perfektion. Während Sie noch am Profil feilen, akquirieren Sie bereits und brauchen eine Visitenkarte, zum Beispiel für die Übergangsphase zwischen angestellter Tätigkeit und Selbstständigkeit.

Was können Sie in solch einem Fall tun? Nun: sorgfältig planen und im Zweifelsfall lieber in zwei Schritten vorgehen.

Die Lösung: Zunächst für einige Wochen oder Monate eine Visitenkarte schlank schlichte, einfache Visitenkarte, nur mit Ihrem Namen und Ihrer Adresse, vielleicht noch mit der Bezeichnung »Trainer«. Denn wenn Sie am Anfang zu lange über Titel und Berufsbezeichnung brüten, verlieren Sie wertvolle Akquisezeit.

In einem zweiten Schritt ergänzen Sie Ihren Namen durch Visitenkarte passend eine griffige Berufsbezeichnung, einen Unternehmensnamen und die Website. Dann macht es auch Sinn, eine größere Auflage zu produzieren, meist etwa 500 Stück.

Wie aber können Sie sich einen Namen machen? Indem Sie gut sind und das auch mitteilen. Einfach ein »toller« Titel allein reicht in der Regel nicht aus. Natürlich: Schön, wenn Sie einen passenden Titel gefunden haben – für den Geschäftserfolg ist jedoch nicht allein ausschlaggebend, ob Sie Ihre Dienstleistung Wellnesscoaching, Entspannungscoaching, Balancecoaching oder InBalanceCoaching nennen. Wichtiger ist, dass Sie sich einen Namen geben:

- dem Unternehmen: Unternehmensname
- dem Unternehmer: Berufsbezeichnung
- der Website

MUT ZUM EIGENEN NAMEN: DER UNTERNEHMENSNAME

Der Name sollte auf der Visitenkarte klar sichtbar sein. Aber welcher Name?

Für Einzelunternehmer gilt: Ihr eigener Name sollte in der Regel im Vordergrund stehen.

Interessenten finden schnell heraus, wenn sich hinter dem »Institut für Coaching und Training« lediglich ein Einzelkämpfer verbirgt, der den Pluralis Majestatis pflegt. Selbstverständlich können Sie Ihren Namen auch kombinieren. Einige Möglichkeiten:

Namen kombinieren
- Kombination Eigenname + Unternehmensform
  - *Stöger & Partner*
  - *Meuselbach & Team*

- Kombination Eigenname + Angebot
  - *Elisabeth Kräuter, Seminare und Coaching*
  - *Ernst Aumüller, Menschen und Teams in Balance*
  - *Marion Putzer, Büro in Form*
  - *Habedank Personalentwicklung*
  - *Henkel + Henkel, Managementberatung für die Sozialwirtschaft und den Mittelstand*

> **TIPP** Wählen Sie Begriffe, die Ihre Kunden ansprechen. Eine vorschnelle Firmierung kann nach hinten losgehen. Beispiel: Ein Kunde hatte sich bereits Visitenkarten und Briefpapier drucken lassen. Danach stellte sich heraus, dass weder er selbst noch seine Zielgruppe – Führungskräfte im psychosozialen Bereich – mit dem Begriff »Consulting« glücklich waren: »McKinsey«, »unternehmensberaterisch«, »unterkühlt« – so die Reaktionen. Die Geschäftsausstattung wurde also eingestampft und neu gedruckt.

Aber auch für Trainingsinstitute oder GmbHs gilt: Ein aussagekräftiger und einprägsamer Firmenname ist viel wert. Einige Anregungen:

- einprägsame Hauptwörter und Kunstwörter
  - *Das Training*
  - *Die Sprache GmbH*

- *professio*
- *Fazit Institut*
- *Coaching Lounge*
- *cross x check*

- Unternehmensname und Ort
  - *Konstanzer Seminare*
  - *Kurpfalz Management*
  - *Inntal Institut*
  - *Münchner Coaching-Büro*

> **TIPP**
>
> Widerstehen Sie der Versuchung, Ihren Unternehmensnamen vorschnell abzukürzen. Die Abkürzungswut mancher Trainingsunternehmen haben schon andere auf's Korn genommen. Ein Blick auf die einschlägigen Seiten in den Weiterbildungszeitschriften zeigt: ibo, ios, iwl, ifb, ibc … Die identifizierende Qualität des Namens tendiert gegen null. Da Abkürzungen keine Bedeutung tragen, haben sie es schwer, sich dem Leser wirklich einzuprägen.

DIE BERUFSBEZEICHNUNG

Wellness-Coach, Business-Coach, Kommunikations-Trainer – das sind »die üblichen Verdächtigen«. Wenn Sie über ungewöhnliche Kombinationen nachdenken, dann gilt auch hier: Die Berufsbezeichnung ist keine Zauberformel, die allein schon Umsatz garantiert. Auch mit einer »ganz einfachen« Kombination können Sie erfolgreich sein:

- Franz Knist, Berater Trainer Coach, Diplom-Theologe
- Tanja Reuther, Organisationsberaterin und Coach

Wenn Sie Ihr Profil zu einer griffigen Berufsbezeichnung verdich-
ten können, ist das ideal – in der Regel aber entwickelt sie sich
erst im Laufe einiger Jahre aus der konkreten Tätigkeit:

- Bettina Stackelberg, die Frau fürs Selbstbewusstsein
- Dr. Birgit Schneider, Mentorin für Lebenskunst
- Manfred Engel, der Engel fürs Reden
- Ildigo Juhasz, Die Beraterin für Handels- und Familien-
  unternehmen

**Achten Sie auf gleiche Berufsbezeichnungen und Begriff-
lichkeiten – insbesondere wenn Sie Ihr Profil auf mehreren
Seiten im Netz platzieren, z. B. auf Ihrer Website, in einem
sozialen Netzwerk, bei einem Kooperationspartner.**

IHR NAME IM NETZ: DIE WEBSITE

Für Ihre Website haben Sie folgende Möglichkeiten:

- nur Nachname: www.frosch.biz oder www.geisbauer.com
- Vorname plus Nachname: www.petra-dietrich.de
- Firmenname: www.konstanzer-seminare.de
- Profil/Alleinstellung: www.die-beraterin.de
- Eigenname plus Angebot: www.frosch-coaching.de
- Angebot: www.flipchartgestaltung.at

Reservieren Sie Ihre Domain rechtzeitig. Auch wenn die Website
erst in einiger Zeit geplant ist: Die Reservierung des Namens
kostet wenig, verhindert aber, dass andere Ihnen zuvorkommen.
Reservieren können Sie zum Beispiel direkt unter: www.denic.de
und www.united-domains.de. Reservieren Sie Ihre Domain mit
und ohne Bindestrich, also sowohl »www.BeatriceBeraterin.de«
als auch »www.Beatrice-Beraterin.de«, auch wenn Sie später nur
eine Adresse veröffentlichen wollen.

BRAINSTORMING: »MEIN NAME«

Notieren Sie sich jeweils Ideen für Ihren Namen:

1. Mein eigener Name: Vorname(n), Nachname

   _____

2. Die Unternehmensform: etwa Einzelunternehmer, Partnergesell-
   schaft, GmbH …

   _____

3. Mein Angebot: etwa Coaching, Training …

   _____

4. Ort, Region: zum Beispiel München, Allgäu, Rheinland …

   _____

5. Charakterisierung

a) Als was verstehe ich mich? Visionär oder Realist, Handwerker
   oder Wissenschaftler, Freund oder Ratgeber …

   _____

   _____

b) Was sagen meine Kunden über mich? »Sie sind eine/ein …«;
   »Ich schätze Sie als …«

   _____

   _____

Eine Adresse bei gmx oder einem anderen kostenlosen Anbieter ist nicht sehr Vertrauen erweckend. Wählen Sie deshalb eine seriöse Adresse. Am einfachsten ist es natürlich, wenn Sie sich die E-Mail-Adresse über Ihre Website einrichten. Also: Trainer@homepage.de, kontakt@homepage.de, info@homepage.de, Ihr-Coach@homepage.de.

Eine weitere Möglichkeit ist eine Adresse bei t-online: IhrCoach@t-online.de. Und dann achten Sie darauf, dass Ihre E-Mail-Adresse einprägsam ist. Komplizierte Namen, Umlaute, Doppelnamen machen die E-Mail wie auch die Webadresse schwer zu merken. Also bitte nicht so: beatrice.brandt-huth@atmosphaere-coaching.de. Vorsicht ist auch bei der Du-Adresse geboten. Nicht für alle Zielgruppen geeignet ist die Form: petra@huber.de.

IHR WERBEMITTEL NUMMER EINS: DAS BRIEFPAPIER

Ihr Briefpapier wird voraussichtlich häufiger in den Händen von Kunden, Interessenten und Geschäftspartnern landen als jedes andere Werbemittel. Hüten Sie sich deshalb vor Schnellschüssen und planen Sie sorgfältig. Denn bei jedem Brief, den Sie verschicken, müssen Sie das einmal gestaltete Briefpapier einsetzen.

Ebenso wie auf der Website ein Impressum gefordert wird, gibt es für den Geschäftsbrief rechtliche Pflichtangaben. Diese Pflichtangaben auf dem Briefpapier sind abhängig von der Rechtsform des Unternehmens. Für eine GmbH gelten andere Vorschriften als für einen Einzelunternehmer. Die rechtlichen Vorschriften zum Thema Pflichtangaben können Sie bei der IHK erfragen.

Gestalten Sie Ihre Visitenkarte professionell

■ **Setzen Sie bei Ihrer Visitenkarte auf Qualität:** Ein gängiges Format und gute Papierqualität sollten selbstverständlich sein. Vorsicht also vor Billigangeboten.

■ **Nutzen Sie das gängige Format:** ca. 85 x 54 mm; Papierqualität mindestens 200g / qm.

■ **Mobilnummer – eine wichtige Frage:** Soll die Mobilnummer wirklich auf die Visitenkarte oder sollen sie nur die wichtigen Kunden erfahren? Dies ist nicht nur eine rein formale Frage, sondern eine grundsätzliche Frage, die Ihre Büro-Organisation, aber auch Ihre Philosophie betrifft: Wenn erst einmal alle Welt, inklusive Interessenten und flüchtige Besucher Ihrer Website, Ihre Mobilnummer hat, ist es zu spät, darüber nachzudenken.

■ **Benutzen Sie eine Visitenkartenbox:** Was in der Schublade verstaubt, kann nicht werben. Die Visitenkartenbox sorgt für unbeschädigte, saubere Visitenkarten und sollte immer dabei sein. Klingt banal, aber fragen Sie doch mal bei verschiedenen Gelegenheiten in die Runde. Sie werden überrascht sein, wer alles seine Visitenkarte »gerade nicht dabei«, »in der anderen Tasche« oder »im Auto« hat.

■ **Werben Sie mit ungewöhnlichen Informationen:**
  – Was kann im besten Fall passieren, wenn Sie eine Visitenkarte überreichen? Dass Sie ins Gespräch kommen.
  – Wie kommen Sie ins Gespräch? Indem Sie Menschen so neugierig machen, dass sie nachfragen.
  – Wie machen Sie Menschen neugierig? Indem Sie zum Beispiel eine ungewöhnliche Kombination von Ausbildungen nicht verstecken, sondern bewusst damit werben.
  – Die Chancen stehen gut, dass Ihr Gesprächspartner die Visitenkarte liest, stutzt und fragt: »Nachrichtentechniker und Diplom-Sozialpädagoge – wie passt das zusammen?« Oder »Wie kommt eine Theologin zur Unternehmensberatung?« Und schon sind Sie mitten im Gespräch. Zum Beispiel: Reinhold Florian – Zauberkünstler & Trainer

> **Wenn Sie Einzelunternehmer sind, dann sollte Ihr Briefpapier folgende Angaben enthalten: Vorname und Nachname, Adresse, Telefon, E-Mail und Website – und natürlich Ihr Logo und die Berufsbezeichnung, die Sie gewählt haben.**

Alles Weitere können Sie selbst entscheiden:

Angaben auf dem Briefpapier

- *Fax-Nr.:* Brauchen Sie für Ihr Tagesgeschäft noch eine Fax-Nr.? In vielen Branchen ist das Fax als Kommunikationsmittel out. Im Fall des Falles können Sie Ihre Fax-Nr. dem Kunden direkt mitteilen.
- *Mobil-Nr.:* Hier gilt dasselbe wie bei Ihrer Visitenkarte: Soll die Mobilnummer wirklich auf das Briefpapier oder sollen sie nur die wichtigen Kunden erfahren? Im Alltag können Sie Anrufe genauso gut über die Rufumleitung weiterleiten.
- *Steuer-Nr. und Bankverbindung:* Darauf können Sie als Einzelunternehmer verzichten. Viele Zahlenkolonnen beanspruchen nur wertvollen Platz auf Ihrem Briefpapier. Platz, den Sie besser für die grafische Gestaltung und den Text verwenden. Erstellen Sie für Ihre Rechnungen einfach eine Dokument-Vorlage mit Steuer-Nr. und Bankverbindung.

Erstausstattung multifunktional gestalten

Lassen Sie sich zusätzlich zum Briefpapier eine Zweitseite drucken, die vielfach eingesetzt werden kann, also nicht nur für mehrseitige Briefe, sondern vor allem zum Beispiel für Seminarunterlagen, Einlegeblätter für Präsentationsmappen und Veranstaltungsbeschreibungen. Auf der Zweitseite sollte Ihr Logo stehen und Ihre www.-Adresse. Sonst nichts. Im Fall des Falles können alle Interessenten Ihre Adressangaben einfach über Ihre Website in Erfahrung bringen.

Drucken Sie keine Unmengen: 1000 bis 2000 Stück Briefpapier reichen in der Regel zwei Jahre lang. Danach steht zum Beispiel für Existenzgründer meist ohnehin ein optischer oder inhaltlicher Relaunch an.

DER BRIEFUMSCHLAG: IHR ERSTER EINDRUCK

Was ist das Erste, was Ihre Kunden sehen, wenn sie Post von Ihnen erhalten? Richtig: der Umschlag. Noch bevor die Kunden den Umschlag öffnen, haben Sie bereits einen ersten Eindruck gemacht. So oder so.

Briefumschläge, die zu Ihrem Briefpapier passend mit Logo und Adresse bedruckt werden, gehören deshalb zur Geschäftsausstattung auf jeden Fall dazu.

Alternativ: Adressaufkleber, die Sie – ganz multifunktional – für Tagungs- und Präsentationsmappe und alle Briefumschläge benutzen können.

Apropos: Schon lange gibt es ansprechende weiße Umschläge für die Formate A 4 oder A 5 zu kaufen, auch mit Fenster. Braune Packpapierumschläge wirken unschön und billig.

Denken Sie schon bei der Gestaltung Ihres Briefumschlags an Ihre Datenbank. Wenn Sie Briefe und Mailings per Post verschicken oder regelmäßig Stammkundenmarketing per Brief betreiben: Nutzen Sie zur Aktualisierung Ihrer Datenbank den Service der Postvorausverfügung. So erfahren Sie, wenn Ihre Kunden umgezogen sind.

Mit dem Umschlag die Datenbank pflegen

Nehmen wir an: Sie schicken einen Brief an Ihre Kundin Petra Müller. Petra Müller ist umgezogen und hat einen aktiven Nachsendeauftrag. Ohne Vorausverfügung wird Ihr Brief nachgesandt: Schön für Frau Müller. Nicht so schön für Sie: Sie erfahren die neue Adresse von Petra Müller nicht. Wenn dann nach einem halben Jahr der Nachsendeauftrag erloschen ist, kommt Ihr nächster Brief mit dem Vermerk »unbekannt verzogen« an Sie zurück. Was tun?

Vorausverfügungen nutzen

Wenn Sie die neue Adresse von Petra Müller erfahren wollen, können Sie zwischen verschiedenen Vorausverfügungen wählen und eine davon auf Ihre Briefumschläge drucken lassen. Die zwei wichtigsten Varianten:

- Sie möchten, dass die Post den Brief mit der aktuellen Adresse des Empfängers an Sie zurückschickt, falls der Empfänger verzogen ist. Die Vorausverfügung dafür lautet: »Bei Umzug mit neuer Anschrift zurück!«
- Sie möchten, dass die Post den Brief an die aktuelle Adresse des Empfängers nachsendet und Ihnen eine Anschriftenberichtigungskarte schickt (dieser Service kostet allerdings etwas). Die Vorausverfügung dafür lautet: »Bei Umzug Anschriftenberichtigungskarte!«

Die Broschüre mit allen Varianten der Vorausverfügung und auch viele andere nützliche Informationen zu Porto und Formaten finden Sie im Downloadcenter unter www.deutschepost.de.

TEXT FÜR ANRUFBEANTWORTER PROFESSIONALISIEREN

Anrufbeantworter oder Büroservice – was wirkt professioneller, was ist besser? Eine Glaubensfrage, an der sich die Geister scheiden. Die Argumentationslinien verlaufen etwa so:

- *Pro Büroservice:* Statt eines »Ich bin im Moment nicht erreichbar, ich rufe Sie aber so bald wie möglich zurück« hören die Kunden die Stimme einer freundlichen Call-Center-Mitarbeiterin, die ihnen mitteilt: »Frau Müller hält gerade ein Training, Sie meldet sich morgen bei Ihnen.«

- *Pro Anrufbeantworter:* Häufig wechselnde Telefonstimmen können meinen Kunden auch nicht mehr sagen als das, was der Anrufbeantworter auch sagt: »Ich bin bis Mittwoch im Training. Persönlich erreichen Sie mich wieder ab Donnerstag, den 10. April. Wenn Sie mir jetzt eine Nachricht hinterlassen, melde ich mich gleich am Donnerstag bei Ihnen.«

Wer hat Recht? Beide! Denn im Grunde geben beide nur eine tendenziöse Antwort auf die Frage: »Auf welchem Parkplatz fühlt sich der potenzielle Kunde besser aufgehoben: Im Parkhaus Büroservice oder in der Parkbucht Anrufbeantworter?« Ihr Kunde will jedoch nicht parken, sondern das Schaufenster begutachten, die Ware inspizieren, mit Ihnen sprechen. Die entscheidenden Fragen lauten also:

Im Sinne des Kunden entscheiden

- Wann erhält der (potenzielle) Kunde einen Rückruf?
- Wie konzentriert sind Sie, wenn Sie mit dem Kunden telefonieren?
- Wie schnell können Sie dann weiteres Material per E-Mail oder Brief schicken?

Denn Erreichbarkeit ist nur das Eine. Wenn Sie aber zum Beispiel aus der Seminarpause heraus mal schnell und hektisch einen potenziellen Kunden zurückrufen, können Sie keinen guten Eindruck hinterlassen: Nicht bei Ihrem potenziellen Kunden, und schon gar nicht bei Ihrem aktuellen Auftraggeber, der wenig begeistert davon sein wird, wenn Sie an einem Trainingstag, für den er gutes Geld bezahlt, auch noch nebenher Akquise betreiben.

> **TIPP**
> - Wenn Sie einen Büroservice möchten, dann testen Sie genau, wie er arbeitet – nicht nur einmal, sondern regelmäßig.
> - Wenn Sie sich für den Anrufbeantworter entscheiden: Leben Sie Qualität vor, mit einem sorgfältig ausgewählten Text.

Anrufbeantworter: Unsitten vermeiden

Bei der Textauswahl für den Anrufbeantworter vermeiden Sie aber bitte die beiden häufigsten Unsitten:

- »Leidern« Sie nicht. Stehen Sie zu Ihrer Entscheidung, nicht immer erreichbar zu sein. Also nicht so:
  - *» Leider haben Sie nur den Anrufbeantworter von Beatrice Beraterin erreicht.«*
  - *» Leider bin ich im Moment nicht erreichbar. Deshalb müssen Sie leider mit dem Band vorlieb nehmen. Hinterlassen Sie mir eine Nachricht, dann rufe ich Sie sobald wie möglich zurück.«*
  - *» Ihr Büro ist kein stilles Örtchen. Deshalb auch nicht so:* »Unser Büro ist im Moment leider nicht besetzt.«

Es geht auch ohne »leidern« und labern

- Labern Sie nicht und stehlen Sie Ihren Anrufern nicht die Zeit. Also nicht so:
  - *»Guten Tag, hier ist das Trainingsinstitut Sonnenschein. Wir bieten Ihnen Trainings mit dem gewissen Etwas und*

*freuen uns, dass Sie anrufen. Unser Büro ist im Augen-
blick gerade nicht besetzt. Sie können uns aber gerne eine
Nachricht auf dem Band hinterlassen. Bitte vergessen Sie
dabei nicht, Ihren Namen, Ihre Telefonnummer und den
Grund Ihres Anrufs zu nennen. Dann rufen wir Sie selbstverständlich so bald wie möglich zurück. Wir wünschen
Ihnen noch einen schönen und erfolgreichen Tag.«*

Formulieren Sie für Ihren Anrufbeantworter einen Text ohne zu »leidern« und ohne zu »labern«.

Am besten wählen Sie ein Gerät, bei dem Sie mehrere Ansagen
aufsprechen können – ganz nach Situation:

- *Ansage »Standard«:* »… Danke für Ihren Anruf. Wenn Sie
mir eine Nachricht auf das Band sprechen, rufe ich Sie innerhalb von 24 Stunden zurück.«

  Ansagetexte variieren

- *Ansage »Trainingsreise«:* »… Ich bin einige Tage auf
Trainingsreise. Sie erreichen mich wieder ab Montag, den
11. Dezember. Wenn Sie mir jetzt eine Nachricht auf das
Band sprechen, rufe ich Sie dann umgehend an.«

- *Ansage »Coachingstunde«:* »… Während einer Coachingstunde gilt meine volle Aufmerksamkeit meinen Kunden.
Deshalb habe ich dieses Band für Sie angeschaltet. Wenn Sie
jetzt eine Nachricht auf das Band sprechen, melde ich mich
noch heute bei Ihnen.«

ANRUFBEANTWORTERTEXT VERFASSEN

Schreiben Sie hier die aktuelle Ansage auf Ihrem Anrufbeantworter auf:

_____

_____

_____

Was können Sie verbessern? Schreiben Sie hier Ihre überarbeitete Version auf:

_____

_____

_____

_____

TEXTE SIND ÜBERALL

Texte? Die finden Sie überall. Dazu noch einige Beispiele:

Anreisebeschreibung Haben Ihre Kunden wirklich alle ein Navigationssystem? Und haben die Kunden, die mit öffentlichen Verkehrsmitteln anreisen, auch eines?

Mit einer sorgfältig erstellten Anreisebeschreibung können Sie Interessenten und Kunden positiv überraschen und sicher zu Ihnen lotsen.

Wenn Ihre Gesprächspartner pünktlich bei Ihnen ankommen, haben alle etwas davon – auch für Ihre eigene Zeitplanung ist das nur von Vorteil. Formulieren Sie Ihre Anreisebeschreibung immer in zwei Versionen: für den PKW und das öffentliche Verkehrsmittel.

> **TIPP**
>
> Fahren oder gehen Sie den Weg selbst ab. Und bitten Sie auch einen Freund, Ihr Büro anhand der Beschreibung anzusteuern. So erhalten Sie wertvolles Feedback.

Sie haben Ihr Büro in einem Bürogebäude, einem Business-Center oder einem Wohn- und Geschäftshaus? Dann bringen Sie ein Schild an – an der Haustür, an Ihrer Bürotür, im Empfangsbereich, im Aufzug. Diese Schilder können Sie nutzen. Vor allem wiederum, um Ihre Website bekannt zu machen. Verzichten Sie auf Überflüssiges:

Türschild und Büroschild

- keine Öffnungszeiten: Sie sind ja kein Arzt.
- keine Adresse: Die Leute sind ja schon da.
- keine Fax-Nummer: Die Telefonnummer reicht.
- Also so: Tanja Trainer
               Tel: 123 / 45 67 89
               www.Tanja-Trainer.de

3. JEDER BRIEF IST EIN WERBEBRIEF

Briefe sind nach wie vor eines der zentralen Werbe- und Akquise-instrumente von Unternehmen – auch von Trainern, Beratern und Coachs. Und damit wir uns gleich richtig verstehen: Mit »Brief« ist hier der gute alte Brief per Post ebenso gemeint wie eine E-Mail oder ein PDF-Dokument in Brief-Optik. Die Hinweise und Regeln in diesem Kapitel gelten für Briefe auf Papier ebenso wie für »papierlose« Briefe (die dann oft genug eben doch ausgedruckt werden).

Wichtig: Ihre Alltagskorrespondenz – auch per E-Mail!

(Direkt-)Mailings sind nur ein Einsatzbereich von Briefen. Noch wichtiger – und zu wenig beachtet: die so genannte »Alltagskorrespondenz«. Klingt langweilig? Dann überprüfen Sie einmal, wo überall Briefe und E-Mails zum Einsatz kommen:

- das Begleitschreiben, mit dem Sie Ihre Broschüre verschicken
- die Rechnung
- die Zahlungserinnerung
- die Einladung zur Büro-Eröffnung und zur Messe
- die regelmäßige Stammkundeninformation
- Briefe an Geschäftspartner, Netzwerkpartner
- und und und

Brief-Unkultur durch bürokratische Floskeln

Immer wieder erlebe ich folgendes Szenario: Ein Unternehmen investiert Geld, Zeit und Aufwand in den neuen Auftritt. Ein Logo wird entwickelt, Visitenkarten werden erstellt, die Website entsteht, eine Hochglanzbroschüre wird gedruckt, die neue Geschäftsausstattung wird geliefert. Und dann geht es los: Die textlich ausgefeilte Hochglanzbroschüre landet mit einem Begleitbrief beim Kunden, der voller bürokratischer Floskeln steckt, die den guten Eindruck verderben:

- »Wie telefonisch mit Ihnen besprochen, übersenden wir Ihnen in der Anlage Vorabinformationen über unser Angebot.«
- »Um zu der Fortbildung zugelassen zu werden, muss an einem Einführungs- und Auswahlseminar teilgenommen werden.«
- »Voraussetzung für die Bewerbung entnehmen Sie bitte der Fortbildungsbroschüre.«
- »Der genaue Ort wird noch bekannt gegeben.«

Der verstörte Kunde fragt sich: Ist das Trainingsinstitut xy ein modernes leistungsfähiges Unternehmen (siehe Broschüre) oder doch ein verschnarchter Haufen (siehe Brief)?

Wie kommen solche Formulierungen zustande? Nun, für viele Menschen ist ein Brief zunächst einmal ein leeres Blatt Papier, das es zu füllen gilt. Sie wissen nicht genau, wo sie anfangen sollen, schreiben sich »warm« und so entstehen die typischen Briefanfänge:

Wie ein Briefmonster zumeist entsteht

- »Bezugnehmend auf das mit Ihnen geführte Telefonat erlauben wir uns …«
- »Anbei senden wir Ihnen unsere Broschüre, mit der wir uns vorstellen möchten …«

Einmal warm geschrieben, macht sich der Kanzleistil auch im Hauptteil breit:

- »Es würde uns freuen, wenn Ihnen das eine oder andere Seminar zusagt.«
- »Wir möchten an dieser Stelle noch einmal darauf hinweisen, dass wir Ihnen ein detailliertes Preisangebot erst erstellen können, wenn wir Ihre Vorstellungen mit unseren Ideen zu einem Konzept verarbeitet haben.«

Am Ende des Briefs herrscht Unsicherheit: Wie aufhören? Also greift man erneut zu den üblichen Floskeln und stiehlt sich im »würde«-Stil der Unverbindlichkeit förmlich aus dem Brief:

- »Zur Klärung etwaiger Rückfragen stehen wir Ihnen jederzeit zur Verfügung und verbleiben …«
- »Wir würden uns über einen ersten Kontakt mit Ihnen freuen und verbleiben mit freundlichen Grüßen …«

DAS VIER-TEILE-MODELL FÜR BRIEFE

Was hilft gegen diese Floskelei? Eine klare Struktur, die sich in vielen TextWerkstätten, die ich seit 1998 durchführe, bewährt hat und vier Teile umfasst:

- der Vor-Teil
- der Haupt-Teil
- der Mit-Teil
- das Süße Teilchen

DER VOR-TEIL: ALLER ANFANG IST WICHTIG

Die Fragen des Lesers an diesen Briefteil sind:

- Was verspricht die Überschrift?
- Kommt der erste Absatz zur Sache?

Der Vor-Teil umfasst die Überschrift und den ersten Absatz, also den Einstieg in den Brief. In diesem Teil machen Sie deutlich, wovon der Text handelt, Sie wecken Neugier, kündigen Nutzen an und präsentieren sich als Dialogpartner.

Dass die frühere Betreff-Zeile heute ohne »Betr.:« geschrieben wird und Überschrift heißt, hat sich mittlerweile herumgesprochen. Inhaltlich aber hat sich oft wenig geändert: Weiterhin dominieren Schlagwörter oder Vorgangsbeschreibungen: »Auftragsbestätigung«, »Informationsmaterial«. Eine verschenkte Chance – denn mit der Überschrift können Sie Ihre Leser neugierig auf den Brief machen. Dabei darf die Überschrift gerne auch ein vollständiger Satz oder eine Frage sein. Also nicht so:

Die Überschrift macht neugierig

- Auftragsbestätigung
- Kundenumfrage
- Buchveröffentlichung
- Hausmesse
- Kursangebote

Sondern besser so:

Formulierungshilfen für die Überschrift

- Vielen Dank für Ihren Auftrag
- Wie wär's? Mal wieder ein gutes Buch lesen?
- Einladung zur Hausmesse am 30. November
- Wir freuen uns auf die Zusammenarbeit mit Ihnen
- Ihr Angebot vom … hat uns überzeugt
- Danke für das ausführliche Gespräch
- Business-English in 5 Modulen, Start am 15. Oktober

In der E-Mail heißt die Überschrift noch »Betreff«. Gerade hier gilt aber: Je konkreter, präziser und aktueller Ihre Überschrift, desto besser. Denn anhand der Überschrift entscheidet der Leser zwischen Öffnen und Papierkorb. Wenn Sie als Bildungsanbieter eine Mail lediglich mit »Seminarangebote« betiteln, dann ist das für den Leser wenig ansprechend. Besser: »Alles zum neuen AGG – Refresher-Seminare für Personaler«.

Im ersten Satz präsentieren Sie sich als Dialogpartner, der informieren will, einen Überblick gibt, Gemeinsamkeit herstellt. Mit dem ersten Satz transportieren Sie Ihre Botschaft:

TIPP

>»Lieber Leser,
> ich habe hier etwas, das Dir nützlich sein kann. Ich fasse kurz die Sachlage zusammen (»was bisher geschah«), damit wir beide auch garantiert den gleichen Kenntnisstand haben. Damit weißt Du sicher, dass ich Dich richtig verstanden habe.«

Mit einem präzisen ersten Satz können Sie die Leser davon überzeugen, dass es sich lohnt, weiterzulesen. Verschenken Sie diese Chance nicht mit allgemeinem Blabla. Also nicht so:

- »Sehr geehrter Herr Müller, Menschen und Organisationen befinden sich in einem ständigen Entwicklungs- und Veränderungsprozess ...«
- »Sehr geehrter Herr Müller, bezugnehmend auf Ihre Anfrage erhalten Sie beiliegend unsere Angebotsunterlagen.«

Sondern besser so:

- »Danke für das nette/ausführliche/informative Gespräch am Telefon.«
- »Am zweiten März/gestern/letzte Woche hatten Sie mit uns am Telefon über ... gesprochen. Für Ihr Interesse sagen wir an dieser Stelle schon einmal herzlich Danke.«
- »Heute bekommen Sie ...«
- »Ich komme gleich zur Sache: ...«
- »So kommen Sie leichter ins Spiel: Im aktuellen Programm des Musikpädagogischen Instituts für mentales Training finden Sie Workshops mit Langzeitwirkung für Musikerinnen und Musiker.«
- »Druckfrisch für Sie: der neue Infobrief ›FührungAktuell‹.«

DER HAUPT-TEIL: NUTZEN, NUTZEN, NUTZEN

Die Fragen des Lesers an diesen Briefteil lauten:

- Spricht mich das an?
- Was ist der Nutzen?

Eine klare Trennung zwischen Vor-Teil und Haupt-Teil erleichtert Ihren Lesern das Verständnis. Deshalb beginnt der Hauptteil mit einem neuen Absatz.

Die Botschaft des Haupt-Teils lautet:
- **»Ich habe da was für Sie:**
  - **Informationen**
  - **Angebote**
  - **Fakten**
- **Und das haben Sie davon: Nutzen.«**

Im Haupt-Teil geht es also darum, den Nutzen für die Leser herauszustellen – und nicht im Wir-Stil um sich selbst zu kreisen. Sie stellen dar, was Sache ist, und präsentieren Informationen und Nutzen übersichtlich. Fredmund Malik schrieb dazu einmal: »Die meisten Offerten sind absenderbezogen aufgebaut: Das Unternehmen sagt seinen potenziellen Kunden, wie gut es ist und was es alles kann. Die wirksame Offerte muss aber empfängerorientiert verfasst sein: Sie soll sagen, was der Kunde davon hat, wenn er kauft.«

Empfänger-
orientierter
Briefstil

Die entscheidende Frage, die Ihr Brief im Haupt-Teil beantworten muss, lautet: Was nützt das dem Kunden?

Der Nutzen im Mittelpunkt

Ein Beispiel – zur Abwechslung einmal nicht aus dem Trainingsbereich: Ein Architekturbüro für betreutes Wohnen bietet den Käufern »komfortable und großzügig geschnittene Wohnungen«. Das ist schön, aber noch kein Nutzen für die älteren Menschen. Diesen stellen Sie heraus, wenn Sie betonen. »Sie können sich in einer solchen Wohnung auch mit Gehhilfen gut bewegen. Und Sie können sicher sein, dass sich eine solche Wohnung nur vermögende und solvente Mieter leisten können, und können Ihr neues soziales Umfeld abschätzen. Sie können beim Umzug die meisten ihrer lieb gewonnenen Möbel mitnehmen.«

Eine Basis-Nutzenargumentation für einen Brief kann so ausschauen:

Basis-Nutzenargumentation

»Sie möchten unsere Kompetenz an einem konkreten Beispiel überprüfen? Dazu machen wir Ihnen ein Kennenlern-Angebot:

- In einem persönlichen Gespräch stellen Sie uns Ihre Situation vor und erläutern, in welche Richtung Sie Problemlösungen erwarten.
- Daraus entwickeln wir für Sie einen ersten Lösungsschritt, setzen
  ihn um und stellen Ihnen eine Perspektive für weitere Maßnahmen vor.
- Gerne nennen wir Ihnen Referenzprojekte und Auftraggeber.

So können Sie sich direkt vom Nutzen unserer Unterstützung überzeugen.«

Nutzenargumentation
Agentur-Check für Finanzdienstleister
Das Beispiel stammt von Gisela Weber, www.giselaweber.de:

- »*Mehr Spielraum:* Weil Ihr Büro einfach läuft, können Sie Ihre Qualitäten besser ausspielen, bei Akquise, Key Accounts, Stammkunden.
- *Ein dickes Plus auf Ihrem Zeitkonto:* Sie identifizieren und verabschieden Zeitfresser, erkennen Ihren bevorzugten Arbeitsstil und gewinnen Freiräume.
- *Eine Portion extra Profit:* Sie erfahren, wie Sie Fähigkeiten Ihrer Mitarbeiter besser nutzen. Die Mitarbeiter übernehmen mehr Verantwortung. Die Wertschöpfung steigt.«

Nutzenargumentation Trainerausbildung
»Viele Ausbildungen zahlen sich aus – aber oft erst nach Jahren. Mit der Trainer-Ausbildung TrainerPLUS können Sie sofort starten und bereits innerhalb kürzester Zeit einen Return on Investment erzielen. Eine Ausbildung, die alle Kriterien erfüllt, die von den Fachverbänden gefordert werden:

- An Ihre persönliche Zielsetzung angepasst: Ein solides Fundament methodischer Bausteine und Trainingstechniken, umfassendes didaktisches Know-how
- Direkter Praxisbezug: Marktgerecht gestaltete Inhalte, die Sie sofort nach der Ausbildung in Trainingsmaßnahmen umsetzen können
- Unterstützung bei Ihrem Marketing und Start in den Trainingsmarkt: Trainingsmaterialien, Handouts und vielfältige Vermarktungsideen«

Formulierungen, mit denen Sie den Nutzen Ihrer Leistung beschreiben können:

- »So können Sie sicher sein, dass …«
- »Jetzt können Sie bereits die Tools von morgen kennen lernen.«
- »Das hat Folgen für Ihr Auftragsbuch.«
- »Sie profitieren davon für Ihre …«
- »So sammeln Sie zusätzlich Know-how, das Sie …«
- »Mit den Übungen aus dem Training können Sie …«
- »Die Transfer-Unterstützung bedeutet für Sie …«
- »Der kostenlose Download gewährleistet …«
- »Ein Trainingstag bringt Ihnen …«
- »Praxisnahe Übungen zeigen Ihnen …«
- »Mit xxx optimieren Sie …«
- »Ein Transfer-Handbuch unterstützt Sie bei …«
- »Kurze Übungen erleichtern Ihnen …«
- »Praxisnahe Übungen bringen Spaß und Abwechslung.«
- »Durch praktische Übungen erweitern Sie …«
- »Sie gewinnen Sicherheit durch …«
- »Sie erleben ein Mehr an …«

DER MIT-TEIL: ACTION, BITTE!

Die Fragen des Lesers an diesen Briefteil sind:

- Was jetzt?
- Was soll ich tun?
- Wie kann ich mich anmelden?
- Wen soll ich anrufen?

Im Mit-Teil, den letzten ein bis zwei Sätzen vor der Unterschrift, geht es um die Beziehungsebene und um die nächsten Schritte, die Ihre Kunden gehen sollen: Ihre Leser wollen etwas tun. Am Ende eines Briefs sagen Sie Ihren Lesern, wie diese antworten können oder wann Sie selbst sich melden werden.

Die Botschaft des Mit-Teils lautet: »Lieber Leser, nun weißt Du Bescheid über das Angebot und besonders über den Nutzen. Jetzt geht es weiter. Action, bitte!«

Also nicht so:

- »Wir würden uns über einen ersten Kontakt mit Ihnen freuen und verbleiben mit freundlichen Grüßen ...«
- »Für weitere Fragen stehe ich Ihnen jederzeit gerne zur Verfügung.«

Sondern besser so:

Formulierungshilfen für den Mit-Teil

- »Haben Sie Fragen oder Anregungen? Rufen Sie mich an. Telefon: 0123/4567.«
- »Falls Sie Fragen haben, rufen Sie uns bitte einfach an. Wir beraten Sie gern.«
- »Haben Sie noch Fragen? Wir beraten Sie gern.«
- »Haben Sie noch Fragen? Bitte melden Sie sich kurz telefonisch.«
- »Ich melde mich in den nächsten Tagen, um Ihnen zu zeigen, wie Sie ...«
- »Wie kann ich Sie dabei unterstützen, den Erfolg zu erzielen, den Sie sich wünschen? Bitte rufen Sie mich an, Telefon 0123/4567.«
- »Welche Aufgaben stehen bei Ihnen an? Welches Projekt können wir gemeinsam angehen? Auf Ihre E-Mail oder

einen Anruf freue ich mich: info@trainerin.de oder Telefon
0123/45 67.«

- »Darüber sollten wir reden, oder? Rufen Sie mich einfach
an, Telefon: 0123/45 67.«
- »Rufen Sie uns an. Wir sind gerne für Sie da und beraten Sie
ausführlich. Unsere Telefonnummer: 0123/45 67.«
- »Gerne erläutere ich Ihnen unser Angebot persönlich. Für
alle Fragen rund um xy bin ich Ihr Ansprechpartner. Sie
erreichen mich unter 0123/45 67.«

DAS SÜSSE TEILCHEN: AKTUELL, WICHTIG, EXTRA FÜR SIE

Die Fragen des Lesers an diesen Briefteil lauten:

- Was ist noch für mich drin?
- Gibt es noch was Interessantes?

Vielleicht erinnern Sie sich noch an die alten Columbo-Filme.
Dann wissen Sie: Die entscheidende Frage stellt Columbo immer
dann, wenn er gerade zur Tür hinausgehen will. Im »klassischen
Werbebrief« übernimmt diese Funktion das PS.

> **Die Botschaft des Süßen Teilchens: »Hallo, lieber Kunde,
> hier ist mehr für Dich drin! Hier steht, was es aktuell,
> kostenlos, extra für Dich gibt. Nur noch bis 31.12. zu haben!«**

Eine Frage, die häufig gestellt wird: Ist das PS noch zeitgemäß
oder signalisiert es dem Kunden nur »Achtung Werbebrief?«

(Un)Zeit-gemäßes PS   Die Antwort: Es kommt darauf an, wie geschickt oder unge-
schickt-penetrant Sie das süße Teilchen nutzen. Zunächst ein-
mal: Der Platz nach der Unterschrift ist im Brief nach wie vor
eine wichtige Stelle. Traditionell finden Sie in wichtigen amtli-

chen Briefen hier etwa die Anlagen verzeichnet. Die Aufmerksamkeit der Leser ist also durchaus auf diese Stelle gerichtet. Deshalb einige Hinweise zum süßen Teilchen:

- Das süße Teilchen muss nicht immer »PS« heißen. Sie essen ja auch nicht jedesmal Sahnetorte. Das süße Teilchen kann auch lauten: »Übrigens«, »Wichtig«, »Achtung«, »Hinweis«, »Danke, wenn Sie uns die Anmeldung per Fax senden«.
- Vor allem in der Kommunikation mit Privatkunden rund um offene Seminare ist das süße Teilchen weiterhin der Platz, an dem Sie zum Beispiel Frühbucherrabatte anbieten, Fristen vermerken oder um rechtzeitige Anmeldung bitten.
- Im B2B-Bereich sollten Sie weitgehend auf den Begriff »PS« verzichten. Dennoch können Sie auch hier die Briefstelle nutzen, um wichtige Aussagen zu platzieren.
- Kein süßes Teilchen, wenn Sie nichts zu sagen haben! Das süße Teilchen muss frisch und appetitlich sein. Ein trockenes Etwas, das Altbekanntes verkündet, macht Ihren Kunden keine Freude.
- In der E-Mail kollidiert ein süßes Teilchen häufig mit der Signatur. Außerdem besteht bei längeren Mails die Gefahr, dass Ihr süßes Teilchen nicht mehr gelesen wird, da es unterhalb des sichtbaren Feldes steht. Deshalb gilt in der E-Mail: Die Botschaft des süßen Teilchens entweder gleich am Anfang oder im Haupt-Teil platzieren oder darauf verzichten.

Und so könnte Ihr Süßes Teilchen aussehen:

Formulierungshilfen für das süße Teilchen

- »Aktuelle Termine und Infos finden Sie unter www.Tanja-Trainerin.de.«
- »Tipp für Schnellentschlossene: Im Existenzgründungsseminar vom 1. bis 5. Juli sind noch wenige Plätze frei!«
- »Noch bis 15. Oktober können Sie alle Trainings zum Jubiläumspreis buchen. Der Trainingstag mit Tanja Trainer für 1500,– €.«

- »Bitte melden Sie sich bis 20. Dezember an. Dazu habe ich eine Fax-Anmeldung für Sie vorbereitet. Die Fax-Nummer: 0123/45 67.«

DIE VIER TEILE AUF EINEN BLICK UND ZWEI BEISPIELE

Der Vor-Teil: Aller Anfang ist wichtig
- Die Fragen des Lesers an diesen Briefteil: Was verspricht die Überschrift? Kommt der erste Absatz zur Sache?
- Mit der Überschrift können Sie Ihre Leser neugierig auf den Brief machen.
- Die Botschaft des ersten Satzes: »Lieber Leser, ich habe hier etwas, das Dir nützlich sein kann. Ich fasse kurz die Sachlage zusammen (›was bisher geschah‹), damit wir beide auch garantiert den gleichen Kenntnisstand haben.«

Der Haupt-Teil: Nutzen, Nutzen, Nutzen
- Die Fragen des Lesers an diesen Briefteil: Spricht mich das an? Was ist der Nutzen?
- Die Botschaft des Haupt-Teils: »Ich habe da was für Sie: (Informationen, Angebote, Fakten) Und das haben Sie davon: Nutzen.«

Der Mit-Teil: Action, bitte!
- Die Fragen des Lesers an diesen Briefteil: Was jetzt? Was soll ich tun? Wie kann ich mich anmelden? Wen soll ich anrufen?
- Sie sagen Ihren Lesern, wie diese antworten können oder wann Sie selbst sich melden werden.
- Die Botschaft des Mit-Teils lautet: »Lieber Leser, nun weißt Du Bescheid über das Angebot und besonders über den Nutzen. Jetzt geht es weiter. Action, bitte!«

Das Süße Teilchen: aktuell, wichtig, extra für Sie
- Die Fragen des Lesers an diesen Briefteil: Was ist noch für mich drin? Gibt es noch was Interessantes?
- Die Botschaft des Süßen Teilchens: »Hallo, lieber Kunde, hier ist mehr für Dich drin! Hier steht, was es aktuell, kostenlos, extra für Dich gibt. Nur noch bis 31.12. zu haben!«

Erstes Beispiel für einen Vier-Teile-Brief

Kompetenztag Kommunikation: Aktuelle Informationen für Sie

Sehr geehrter Herr ...,

gestern hatten Sie mit meiner Mitarbeiterin Frau Müller am Telefon über mein Trainingsangebot gesprochen. Für Ihr Interesse sage ich an dieser Stelle schon einmal Danke.

Heute erhalten Sie aktuelle Informationen zum Kompetenztag Kommunikation. Darin können Sie sich in aller Ruhe mit dieser Dienstleistung vertraut machen. Ergänzende Informationen zu mir und meiner Arbeit finden Sie unter www.frosch.biz

Sie möchten meine Kompetenz an einem konkreten Beispiel überprüfen? Dazu mache ich Ihnen ein **Kennenlern-Angebot**:

- In einem persönlichen Gespräch stellen Sie mir Ihre Situation vor und erläutern, in welche Richtung Sie **Problemlösungen** erwarten.
- Gerne nenne ich Ihnen einige **Referenz-Ansprechpartner**.
- Sie wählen zwei bis drei Schriftstücke aus, die Sie an Mandanten schicken. Ich zeige Ihnen in einem **einstündigen Probetraining**, wie Sie diese lesergerechter formulieren und dabei Zeit sparen.

So können Sie sich direkt vom Nutzen meiner Unterstützung überzeugen. Für alle Fragen rund um dieses Angebot berate ich Sie gerne ausführlich. Meine Telefonnummer: 089/71 03 40 44

Freundliche Grüße

Günther Frosch

PS: In der aktuellen Ausgabe der »Mitteilungen« des Münchener Anwaltvereins finden Sie einen Bericht über meine Arbeit (Seite 6).

Zweites Beispiel für einen Vier-Teile-Brief, ohne Süßes Teilchen

---

Coaching – ein Thema, das verbindet

Lieber Coachee,

als Coach kennen Sie mich nun seit XXXX. Was Coaching bewirken kann, das konnten wir gemeinsam in den letzten Jahren erleben. Coaching ist ein Thema, das uns verbindet. Für die erfolgreiche Zusammenarbeit und Ihr persönliches Engagement sage ich noch einmal herzlich Danke!

Heute schicke ich Ihnen meine neue Coaching-Broschüre. Darin finden Sie den aktuellen Stand meines Angebots **für Führungskräfte und Teams**. Ein Angebot, in das meine Erfahrung aus über zehn Jahren Tätigkeit als Coach, Lehrtrainer und Wissenschaftler geflossen ist. Coaching macht mir viel Freude – jeden Tag aufs Neue. Deshalb werde ich mich diesem Schwerpunkt meiner Arbeit ab jetzt noch intensiver widmen.

Das Image von Coaching hat sich in den letzten Jahren erheblich und, wie ich finde, positiv verändert. Erst war es »Wunderwaffe«, dann »Boom-Produkt«. Heute ist es **integraler Bestandteil wirkungsvoller, lösungsorientierter Beratung** für Führungskräfte und Teams. Nicht mehr, aber auch nicht weniger!

Wie sind Ihre Erfahrungen? Welchen Stellenwert hat Coaching heute in Ihrem Unternehmen oder Ihrer Branche? Wie reagieren Menschen, wenn Sie von unserem Coaching berichten?

Ihre Einschätzung interessiert mich. Ich freue mich über Ihr Feedback zu meiner Broschüre und einen kurzen fachlichen Austausch – vielleicht bei unserem nächsten Coaching-Termin.

Freundliche Grüße

Wilhelm Geisbauer

MEHR ALS EINE FORMSACHE: DIE GESTALTUNG DES BRIEFES

Wichtige Informationen rund um die Formalien eines Briefs finden Sie in der DIN 5008. Die DIN-Normen allerdings sind das Eine – die Praxis ist das andere. Deshalb hier einige Hinweise zur »formalen« Seite Ihrer Briefe – die Gestaltung entscheidet mit darüber, ob Ihr Brief wahrgenommen wird oder nicht.

ANSCHRIFTENFELD, DATUM UND ÜBERSCHRIFT

»Bin ich gemeint? Ist mein Name richtig geschrieben?« Das fragt sich der Leser Ihres Briefes. Veraltet wirken hier »An« oder »z.Hd.«. Beides können Sie weglassen. Also besser so:

- Frau Maria Müller – oder einfach
- Maria Müller

Eine gepflegte Datenbank ist Voraussetzung für wirksame Briefe und Mailings. Den eigenen Namen falsch geschrieben zu sehen – das ist für uns alle ärgerlich. Dazu einige Tipps:

Namensverletzung = Körperverletzung

- Zuhören ist gut – nachfragen ist besser: Manches ist schwer zu verstehen. Ausländische Namen, Doppelnamen, exotische Vornamen etc. Lassen Sie sich deshalb im Zweifelsfall Namen buchstabieren. Halten Sie auch Ihre Mitarbeiter dazu an!
- Abgetippt – danebengetippt? Prüfen Sie Ihre Datenbank auf Buchstabendreher: Aus Günther Frosch wird leicht einmal Günther Forsch.
- Du gehörst zu mir: Titel wie »Dr.« und »Prof.« sind Namensbestandteil. Also: Dr. Maria Müller.

Achten Sie darauf, dass Sie Unternehmen entsprechend ihres Corporate Design anschreiben. Also: JOOP! GmbH, E.ON AG, adidas AG.

Persönlich Sie wollen, dass Ihr Brief nur von Frau Dr. Müller persönlich geöffnet werden darf? Dann schreiben Sie über den Adressblock in Fettdruck – **persönlich** –. Zwar schlägt die DIN 5008 dazu vor, die Reihenfolge im Adressblock zu vertauschen und den Namen vor das Unternehmen zu platzieren, also so:

> Maria Müller
> Werbeagentur Grafik & Design
> Adressenallee 11
> 11111 Berlin

Allerdings kennt diese Regelung nur ein gut ausgebildeter Mitarbeiter in der Poststelle. In vielen, vor allem kleineren Unternehmen wird die Post heute aber zum Beispiel von Praktikanten sortiert und geöffnet. Deshalb gilt hier: Mit – persönlich – sind Sie auf der sicheren Seite.

Das rechtsbündige Datum Das Datum steht rechtsbündig in folgender Schreibweise: 22. Oktober 2008. Die numerische Schreibweise in der Reihenfolge Jahr-Monat-Tag hat sich im Brief nicht durchgesetzt. Warum? Wahrscheinlich weil 2008-10-22 unpersönlich wirkt und der Empfänger vermutet: »Diesen Brief hat mir kein Mensch, sondern eine Maschine geschrieben.«

Überschrift – ohne »Betr.« Die frühere »Betreffzeile« steht im Fettdruck – aber ohne »Betr.«

DIE ANREDE ALS TÜRÖFFNER

Was schreibt »man« denn jetzt heute? »Sehr geehrte Frau Müller« oder »Guten Tag, Frau Müller« oder »Liebe Frau Müller«?

Hier gilt: Entscheidend ist nicht, was Ihnen Korrespondenzfibeln vorschreiben (»Schreiben Sie ab heute nur noch xyz!«).

Entscheidend ist, was Ihre Kunden von Ihnen erwarten, wie Sie sich positionieren wollen und was in Ihrer Region üblich ist.

Leben und arbeiten Ihre Kunden in Bayern, werden Sie sich mit einem »Guten Tag, Frau Müller« nicht viele Freunde machen. Das gilt auch, wenn bei Ihren Serienbriefen der Datensatz verrutscht und der Empfänger liest: »/r Herr Frosch« oder »Sehr geehrte/r«. Machen Sie bei größeren Seriendruckeinheiten daher mindestens Stichproben.

Wenn Sie in Ihren Seminaren zum »Du« übergehen, ist Ihre Datenbank in eine Du-Fraktion (ehemalige Teilnehmer) und eine Sie-Fraktion (Interessenten, Geschäftspartner) gespalten. Was tun?

Du oder Sie?

- Möglichkeit 1: Briefe im Sie-Stil schreiben, aber durch eine zweizeilige Anrede klarmachen, dass Sie »per Du« sind – also zum Beispiel so:
  Liebe Frau Müller,
  liebe Petra, …

- Möglichkeit 2: Zwei Briefversionen formulieren. Aber Achtung: Wenn Sie einfach alle Sie-Formulierungen 1:1 in Du-Formulierungen umwandeln, stellen Sie schnell fest, dass Ihr Brief sich liest wie eine Anbiederung im Latzhosen-Stil der 70er Jahre: »Ich freue mich auf Dich …, Du kannst in diesem Seminar …, ich lade Dich herzlich ein …, Du, schön, dass wir drüber geredet haben, Du.« Also: Einen Brief im Du-Stil müssen Sie an einigen Stellen umformulieren, damit das Du nicht überhand nimmt.

Sie-Version:

Haben Sie noch Fragen oder Wünsche? Rufen Sie mich an oder schicken Sie eine E-Mail an info@Ihr-Trainer.de
Ich freue mich darauf, Sie bei unserem Training zu sehen.

Du-Version:

Noch Fragen oder Wünsche? Einfach anrufen oder eine E-Mail an info@Dein-Trainer.de
Ich freue mich darauf, Dich bei unserem Training zu sehen.

ÜBERSICHTLICHE GESTALTUNG

Ein Brief hat eine Seite – der Brief ist ein kurzes Kontakt-Gespräch und soll die Leser neugierig machen und zum Dialog auffordern. Fachliche und ausführliche Informationen liefern Sie in Ihrer Broschüre, mit einem Infoblatt oder einer Mappe. Wenn der Brief ausnahmsweise mehr als eine Seite umfasst, dann führen Sie den Leser elegant auf die zweite Seite, indem Sie mitten im Satz aufhören und auf der zweiten Seite weiterschreiben.

Ein Absatz hat maximal sieben Zeilen

Lange Absätze erschweren das Lesen und werden als »Bleiwüste« wahrgenommen. Machen Sie deshalb Absätze. Ein Absatz umfasst maximal sieben Zeilen. Achtung: Ein Absatz von nur ein bis zwei Zeilen wirkt wie eine Zwischenüberschrift.

Satzspiegel und Schriftvarianten

Im Brief benutzen Sie Flattersatz. Blocksatz ist etwas für Info-Blätter, Newsletter oder Bücher. Verwenden Sie maximal drei Schriftvarianten pro Text: Also eine Basisschriftart für den Fließtext, zum Beispiel Arial 11 Punkt. Für die Überschrift und Hervorhebungen im Text bietet sich **Arial 11 Punkt fett** an. Den Verweis auf Ihre Website in <u>**Arial 11 Punkt unterstrichen**</u>, also www. Website.de – das macht insgesamt drei Schriftvarianten. Mehr ist eine Zumutung fürs Auge.

Für Hervorhebungen gilt: Besser fett als unterstrichen, aber auf keinen Fall g e s p e r r t und auch keine VERSALIEN. Und übertreiben Sie's nicht: Maximal drei Hervorhebungen im Fließtext sind genug.

IHRE GRÜSSE UND IHRE UNTERSCHRIFT

Auch hier die Frage: Was schreibt »man« denn nun heute? »Mit freundlichen Grüßen« oder »Herzliche Grüße« oder »Frühwinterliche Grüße aus dem sonnigen Allgäu«?

Wie bei der Anrede gilt auch hier: Entscheidend ist nicht, was Ihnen Korrespondenzfibeln vorschreiben. Entscheidend ist, was Ihre Kunden von Ihnen erwarten und wie Sie sich positionieren wollen:

- die konservative Variante: Freundliche Grüße
- die therapeutische Variante: Herzliche Grüße
- die branchenspezifische Variante: Umweltfreundliche Grüße
- die jahreszeitliche Variante: Sommerliche Grüße nach Berlin
- personenbezogene Grüße: Bis nächste Woche in Köln, Ihr Bernd Berater
- die Wunsch-Grüße plus »Ihr/e«: Gutes Gelingen, Viel Erfolg mit dem Pilot-Seminar, toi toi toi für den Vortrag, Einen guten Start in die neue Woche wünscht Ihr/e …«

Grüßen Sie individuell

Und wie lautet Ihre eigene Variante?

Bitte unterschreiben Sie lesbar und mit Vor- und Nachnamen, über dem gedruckten Namen. Idealerweise unterschreiben Sie mit blauer Tinte. Die eingescannte Unterschrift ist nur bei großen Auflagen empfehlenswert.

Unterschreiben Sie lesbar

E-MAIL: ALLES BRIEF ODER WAS?

E-Mail-Sprache ist oft ungenau, schlampig, grußlos: Zu rasch hingeworfene Aussagen, unüberlegte Formulierungen, in Eile oder Ärger formulierte Briefe können zu Missverständnissen, Verstimmungen und Ärger führen. Was in der Kommunikation mit dem befreundeten Trainer oder dem Netzwerkpartner noch angehen mag, zum Beispiel ein »grußloses super-eilig-mail in kleinbuchstaben«, das kann beim potenziellen Kunden schon anders wirken.

Die E-Mail ist ein Stilmix zwischen gesprochener und geschriebener Sprache.

Der Vorteil: Eine E-Mail schreibt sich schnell, leicht und mit persönlichem Touch. Der Nachteil: Gestik und Mimik, Intonation, also die Signale, die die gesprochene Sprache eindeutig machen, fehlen in der E-Mail. Ironie oder Witz kommen häufig falsch oder gar nicht an.

Keine unüberlegten Handlungen
Lassen Sie sich also von der Schnelligkeit des Mediums nicht zu unüberlegten Handlungen verleiten, die Sie später bereuen. Vielleicht haben Sie das sogar schon erlebt: Sie ärgern sich über eine Kundenbeschwerde, eine Seminarabsage, die Sie per E-Mail erhalten. Sie setzen sich gleich hin, machen Ihrem Ärger Luft, schreiben eine Antwort aus dem Gefühl der Enttäuschung heraus, klicken auf »Senden« und – haben jetzt erst recht Ärger am Hals. Da ist es besser, wenn Sie die Nachricht unter »Entwürfe« ablegen und erst einmal eine Nacht drüber schlafen. In der Regel noch besser: Drüber schlafen und dann den Gesprächspartner anrufen.

Auch für den Autoresponder-Text, der bei Abwesenheit automatisch an Interessenten und Kunden verschickt wird, gelten einige Regeln:

Beachten Sie die Autoresponder-Regeln

1. Wählen Sie eine klare Überschrift in der Betreffzeile.
2. Bedanken Sie sich für die E-Mail.
3. Informieren Sie genau über die Dauer und eventuell den Grund Ihrer Abwesenheit.
4. Geben Sie an, wann Sie sich nach Ihrer Rückkehr melden.
5. Verabschieden Sie sich mit einem Gruß.

Also zum Beispiel so:

- »Ich bin auf Trainingsreise und melde mich bis spätestens am 23. März.« Oder noch besser:
- »Danke für Ihre E-Mail. Von 15. bis 20. März bin ich auf Trainingsreise / auf einem Kongress / auf einem Seminar / auf einer Weiterbildung / unterwegs. Nach meiner Rückkehr melde ich mich bei Ihnen innerhalb von drei Tagen, also spätestens bis 23. März. Schöne Grüße, Thomas Trainer«

TIPP

Das sollten Sie bei Ihren E-Mails beachten:

- E-Mail schreibt man so: »E-Mail«. Das ist die Duden-gerechte Schreibweise.

- Schicken Sie keine E-Mail raus, ohne sie noch einmal gelesen zu haben.

- Schieben Sie nach mehreren E-Mails immer wieder ein Telefongespräch ein – so können Sie die Stimmungslage Ihres Partners einschätzen und Missverständnisse vermeiden.

- Schicken Sie E-Mails an mehrere Empfänger, die sich gegenseitig nicht kennen, immer mit verdeckten Adressen (Bcc, das heißt: Blind Carbon Copy).

- Vermeiden Sie Abkürzungen: »MfG« ist kein Gruß, sondern die Abkürzung der Grußformel »Mit freundlichen Grüßen«.

- Geben Sie einen Zwischenbescheid per E-Mail, wenn der Brief per »Schneckenpost« folgt.

- Lange E-Mails sind für den Leser sehr viel unübersichtlicher als ein Brief. Nutzen Sie deshalb neben der Überschrift auch den ersten Absatz, um das wichtigste Argument zu platzieren, eine kurze Zusammenfassung zu liefern und erst dann in die Details zu gehen. Der erste Abschnitt entspricht damit dem »Abstract« eines wissenschaftlichen Aufsatzes.

- Versehen Sie jede E-Mail mit einer klaren Überschrift.

- Sprechen Sie Ihren Gesprächspartner höflich an: »Sehr geehrte, Lieber, Hallo, Guten Tag«.

- Achten Sie auf die Rechtschreibung.

- Verwenden Sie KEINE GROSSBUCHSTABEN (VERSALIEN).

- Verwenden Sie als Schriftgröße mindestens 11 Punkt.

- Versehen Sie jede E-Mail mit einer Signatur. Die Signatur sollte mindestens folgende Informationen enthalten:
  - Vorname, Name
  - Berufsbezeichnung
  - Telefonnummer
  - Web-Adresse: Damit Ihre Adresse als Link funktioniert, müssen Sie http:// dazu schreiben, also http://www.frosch.biz
  - E-Mail-Adresse
  - Übrigens: In der E-Mail ist das Süße Teilchen verschenkt: Hier besetzt diesen Platz die Signatur. Wichtige Angebote machen Sie deshalb gleich im ersten Absatz.

HAPPY END: RECHNUNG UND MAHNUNG

Vor dem Auftrag schöne Worte, Hochglanzprospekte, höfliche Briefe. Nach dem Auftrag eine Rechnung im schimmligen Amtsstil? Schade, denn gerade durch Aufbau und Formulierung in Rechnung und Mahnung können Sie Akzente setzen.

Der Auftrag mag vorbei sein – spätestens mit der Rechnung fängt Kundenpflege an!

Zunächst gilt es, die Vorschriften zur Rechnung zu beachten. Merkblätter dazu erhalten Sie bei Ihrer IHK, in der Regel auch als PDF-Download. Im Wesentlichen muss Ihre Rechnung folgende Angaben enthalten:

Rechnung: die Vorschriften beachten

- vollständiger Name und Anschrift des leistenden Unternehmers und des Leistungsempfängers
- Steuernummer oder Umsatzsteueridentifikationsnummer

- Ausstellungsdatum der Rechnung
- fortlaufende Rechnungsnummer
- Menge und handelsübliche Bezeichnung der gelieferten Waren oder Art und Umfang der Leistung
- Zeitpunkt der Lieferung bzw. Leistung
- nach Steuersätzen und -befreiungen aufgeschlüsseltes Entgelt
- im Voraus vereinbarte Minderungen des Entgelts
- Entgelt und hierauf entfallender Steuerbetrag sowie Hinweis auf Steuerbefreiung

Rechnungen gestalten

Haben Sie vor lauter Vorschriften überhaupt noch Gestaltungsspielraum für Ihre Rechnung? Durchaus:

- Schreiben Sie Ihren Empfänger persönlich an, wie in einem Akquisebrief auch, also: »Sehr geehrte Frau Berger«, »Guten Tag, Thomas Müller« oder »Liebe Elke Schmidt«.
- Vermeiden Sie typische Rechnungsfloskeln wie »erlauben«, »liquidieren«, »nachfolgend«, »gemäß Vereinbarung«. Schildern Sie stattdessen noch einmal kurz Ihre Leistung und verknüpfen Sie das Ganze mit einem Dank.

TIPP

Die Rechnung – bitte nicht so:

Sehr geehrte Frau Müller,
für das Kommunikationstraining am 25. Januar 2007 erlaube ich mir gemäß Vereinbarung nachfolgende Posten in Rechnung zu stellen: ...

Sondern besser so:

Sehr geehrte Frau Müller,
noch einmal herzlichen Dank für Ihren Auftrag – das Kommunikationstraining am 25.1. war ein voller Erfolg. In der Schlussrunde und danach lobten die Teilnehmer vor allem die Praxisrelevanz der Übungen.
Für den Trainingstag am 25. Januar berechne ich: ...

Durch das Nachstellen und Strukturieren der Bankdaten erhöhen Sie die Chance, dass Rechnungen richtig und rechtzeitig bezahlt werden:

Bankdaten strukturieren

- *Also nicht so:* »Diesen Betrag bitten wir bis spätestens 22.08.2008 auf unser Konto bei der Sparkasse Musterstadt, Kto.-Nr.111 BLZ 222 222 22 zu überweisen.«
- *Sondern besser so:* »Bitte überweisen Sie diesen Betrag bis spätestens 22.08.2008 auf unser Konto
  Sparkasse Musterstadt
  Kto.-Nr. 111
  BLZ 222 222 22«

»Baldmöglichst«, »binnen 30 Tagen«, »bei Gelegenheit« – unpräzise Fristsetzungen führen zu Unklarheiten und im Zweifelsfall dazu, dass Sie hinterhertelefonieren oder mahnen müssen. Eine eindeutige Frist schafft Klarheit.

Klare Frist setzen

- *Also nicht so:* »Bitte überweisen Sie baldmöglichst.«
- *Sondern besser so:* »Der Betrag ist sofort fällig. Bitte überweisen Sie bis zum: 15. Mai 2008.«

Manche Kunden haben es sich heute zur Gewohnheit gemacht, eine Mahnung abzuwarten, bevor sie zahlen. Scheuen Sie sich deshalb nicht davor, rechtzeitig an die Zahlung zu erinnern. Diesen Brief können Sie »Mahnung« oder »Zahlungserinnerung« nennen. Woran soll die Zahlungserinnerung erinnern? Ja, an die Rechnung – das auch. Vor allem aber: nochmals an Ihre Leistung! Auch in der Mahnung sollten Sie also darauf hinweisen, was Sie für den Kunden getan haben:

Zahlungserinnerung erinnert auch an Ihre Leistung

- *Also nicht so:* »Sie haben die Rechnung vom 26. Januar 2006 nicht bezahlt.«
- *Sondern besser so:* »Am 25. Januar habe ich für Sie das Kommunikationstraining mit 20 Teilnehmern geleitet.

Dabei haben wir konkrete Praxismodule erarbeitet. Meine Rechnung für diese Leistungen habe ich Ihnen am 26. Januar geschickt. Bis heute haben Sie die Rechnung nicht bezahlt. Deshalb erhalten Sie heute diese Zahlungserinnerung.«

- *Schreiben Sie auch nicht:* »Wenn Sie die Rechnung bereits beglichen haben, betrachten Sie diesen Brief bitte als gegenstandslos.«
- *Sondern besser:* »Wenn Sie bereits gezahlt haben: Herzlichen Dank.«

TIPP

Tipps zu Rechnung und Zahlungserinnerung

- Stellen Sie Ihre Rechnungen unmittelbar nach der Leistung oder vereinbaren Sie bei umfangreicheren Projekten Teilzahlungen.

- Stellen Sie Ihre Rechnungen pünktlich und regelmäßig: An der Rechnung können Ihre Kunden ersehen, wie Sie Ihre eigene Leistung wertschätzen. Ein Beispiel: Von meinem (hervorragenden!) EDV-Berater erhielt ich einmal eine Rechnung drei Monate nach der Beratungsleistung. Das löste bei mir eine Mischung aus Verwunderung und Ärger aus: Verwunderung darüber, wie wenig sich der Berater um seine eigene Dienstleistung kümmert. Ärger deshalb, weil ich mich zu dem Zeitpunkt, als ich die Rechnung bekam, kaum mehr an die Leistung erinnern konnte.

- »1. Mahnung« – das ist Quatsch. Welche Botschaft verschicken Sie, wenn Sie in die Überschrift schreiben: »1. Mahnung«? Richtig: Wenn es eine 1. Mahnung gibt, gibt es auch eine 2. Mahnung, folglich muss Ihr Kunde die 1. Mahnung nicht beachten. Es gibt nirgends eine Vorschrift, dass Sie Ihre Mahnung(en) nummerieren müssen. Schreiben Sie deshalb nur »Mahnung« oder »Zahlungserinnerung«.

- Erst mahnen, dann anrufen: Wenn der Kunde auf die Mahnung nicht reagiert, rufen Sie beim Kunden an oder fahren Sie vorbei. Keine Angst: Wenn Sie nicht ärgerlich herumpoltern: »Sie gemeiner Kerl …«, wird Ihr Kunde nicht böse sein. In der Regel ist es ihm einfach unangenehm, dass er nicht bezahlt hat. Sie fragen: »Wo liegt das Problem?« – und aus dem Gespräch darüber ergibt sich nicht selten sogar ein Folgeauftrag.

- Schicken Sie mit Ihrer Mahnung immer auch eine Kopie der Rechnung mit. Damit vermeiden Sie weitere Zeitverzögerungen, denn Ihr Kunde kann Ihnen nicht mit den beliebten Ausflüchten kommen: »Wir finden die Rechnung nicht mehr« oder »Wir haben die Rechnung nicht bekommen.«

- Sie haben einen Kunden, der grundsätzlich erst nach vier Monaten zahlt? Welche Formulierung kann das ändern? Antwort: Keine. Auch im Falle Mahnung gibt es keine Zauberformel, die Ihnen zum schnellen Geld verhilft. Vielleicht gehört es einfach zum Lebensgefühl Ihres Kunden, immer etwas schuldig sein zu müssen. Statt also nach der ultimativen Formulierung zu suchen, überlegen Sie sich besser, wie wichtig Ihnen der Kunde ist. Wenn Sie weiter mit ihm zusammenarbeiten wollen, dann haben Sie verschiedene Möglichkeiten, wie Sie damit leben können:

  – Sie vereinbaren eine Skonto-Regelung, so dass es für Ihren Kunden finanziell interessant wird, früher zu zahlen.

  – Sie vereinbaren Zahlung per Lastschrifteinzug, verbunden mit einer Skonto-Regelung.

  – Sie kalkulieren die zu erwartenden Dispo-Zinsen bereits in Ihr Angebot mit ein.

Zahlungserinnerung zur Rechnung Nr. 1234567

Sehr geehrter Herr Kunde,

gut, dass einer den Überblick behält: Mein Computer. Er hat mir gerade mitgeteilt, dass Sie die Rechnung vom … noch nicht bezahlt haben.

Zur Erinnerung: Am 25. Januar habe ich für Sie das Kommunikationstraining mit 20 Teilnehmern geleitet. Dabei haben wir konkrete Praxismodule erarbeitet. Meine Rechnung für diese Leistungen habe ich Ihnen am 26. Januar geschickt. Der Rechnungsbetrag: …

Verschoben – vergessen – verloren?

Was auch immer der Grund ist, bitte überweisen Sie jetzt, spätestens bis zum: FRIST

Eine Kopie der Original-Rechnung habe ich Ihnen nochmals beigelegt.

Meine Kontonummer: 1234567
Sparkasse Musterstadt, BLZ 111 111 11

Gibt es Fragen oder Unklarheiten? Dann rufen Sie mich bitte an.

Schüne Grüße

Carsten Coach

PS: Sie haben in der Zwischenzeit bereits bezahlt? Dann sage ich herzlichen Dank!

4. MAILINGS: EIN DIALOG IN VIER HITZEGRADEN

Mit einem Mailing können Sie gezielt Kunden gewinnen und Stammkundenpflege betreiben. Mailings müssen dabei in Ihre gesamten Marketing-Aktivitäten sinnvoll eingebunden sein und dürfen nicht eine einmalige Panikaktion darstellen, nach dem Motto: »Hilfe, Umsatzloch droht – na gut, machen wir schnell mal ein Mailing.«

Der Direktmarketing-Experte Prof. Siegfried Vögele nennt die von ihm entwickelte Mailing-Methode »Dialogmethode«. Er geht davon aus, dass das Mailing eine Art Verkaufsgespräch ist, das aber zeitversetzt stattfindet: zu dem Zeitpunkt, da der Leser die Antworten des Verkäufers liest, ist der Verkäufer gerade nicht anwesend. Das bedeutet: Der Leser stellt die folgenden Fragen, auf die das Mailing Antworten geben muss:

Mailing ist Dialog

- Wer schreibt mir? Ein mir bekanntes oder unbekanntes Unternehmen?
- Wer ist der Adressat? Bin ich persönlich gemeint, oder nur »sehr geehrte Damen und Herren«, die »Geschäftsführung«, die »Personalentwicklung« …?
- Was ist das Angebot? Ist es für mich konkret und relevant? Bietet das Mailing allgemein »Training, Beratung, Coaching« an oder sehr fokussiert »Organisationsberatung im Gesundheitswesen«?
- Welchen Nutzen habe ich? Abstrakte »Synergieeffekte« oder konkret »Ein dickes Plus auf Ihrem Zeitkonto«?
- Was jetzt? Wer soll den nächsten Schritt tun? Wie kann ich antworten?

Ein Mailing besteht meist aus drei bis vier Elementen, die Sie Ihrer Zielgruppe entsprechend gestalten sollten:

- Element 1: Ein seriöser Umschlag mit Ihrem Logo, ohne billige Gimmicks und ohne »Sofort-öffnen«-Aufdrucke; beim E-Mailing eine konkrete, prägnante Betreff-Zeile
- Element 2: Der Brief oder die E-Mail ist nach dem Vier-Teile-Modell strukturiert und beantwortet die wichtigsten Leserfragen.
- Element 3: Als Papier-Beilage oder PDF-Anhang eine Seminarbeschreibung, eine Mappe, eine Broschüre, ein Flyer, eine Messeinladung …
- Element 4: Ein Antwortelement in Form einer Postkarte oder Faxantwort. In der E-Mail: Ein Link, zum Beispiel zum Anmeldeformular auf der Website.

WIE HEISS IST IHR MAILING?

Das erlebe ich immer wieder: Wenn der Begriff »Mailing« fällt, denken viele Trainer, Berater und Coachs nur an Kaltakquise. Und fällt der Begriff »Akquise«, denken viele nur an Kaltakquise per Mailing und/oder Telefon. Andere, in der Regel viel einfachere und profitablere Akquiseformen werden vernachlässigt. Woran das liegt? Oft ist die Datenbank nicht entsprechend gepflegt oder Umsatzloch-Panik und missionarischer Eifer verhindern ein überlegtes Vorgehen.

Ein Trainingsinstitut mit einem Datenbestand von etwa 6000 Adressen verschickt einmal jährlich das Gesamtprogramm an alle Adressen. Und das war's dann auch schon. Die Kundendatei ist nicht differenziert genug, um Mailings gezielt an Erstkunden, Wiederholungskunden, Stammkunden, Kunden aus der Coachingausbildung, Institutionen-Kunden oder Kunden zu senden, die nur einzelne Weiterbildungsmodule besucht haben. Weil die Kundendatei nicht differenziert aufgebaut ist, geht viel zu viel Zeit mit der Planung der Kaltakquiseaktionen verloren, die dann häufig auch nur halbherzig durchgeführt werden.

Mehr Umsatz muss her! Selbst gestandene Trainer denken im Umsatzloch nur an die Kunden, die sie noch nicht kennen: Wer kennt unser Angebot noch nicht? Das muss der Richtige sein, oder? Die Folge: Anstrengende Akquise, denn die Kunden müssen das Angebot ja erst kennen lernen. Dementsprechend schlecht ist die Motivation, wenn es dann daran geht, Kaltakquise konkret zu betreiben. Wertvolle Zeit, die zum Beispiel in eine Aktion für Stammkunden gesteckt werden könnte, verstreicht.

Die können es brauchen: Verzweifelt wird bei denen akquiriert, die es am nötigsten haben. Denn das Unternehmen mit der schlechtesten Kommunikation braucht Kommunikationstrainings am dringendsten, oder? Der Effekt: Kein Auftrag – denn die, die es am nötigsten haben, wissen das Angebot eben in aller Regel nicht zu schätzen.

Was viele nicht wissen: Mailings und Akquise gibt es in verschiedenen Hitzegraden. Mindestens vier Stufen lassen sich unterscheiden:

- Heißakquise-Mailing
- Warmakquise-Mailing
- Lauwarmakquise-Mailing
- Kaltakquise-Mailing

Als Faustregel gilt: Sie beginnen bei der Heißakquise, kombiniert mit Warm- und Lauwarmakquise. Kaltakquise geben Sie dosiert zu – wenn überhaupt.

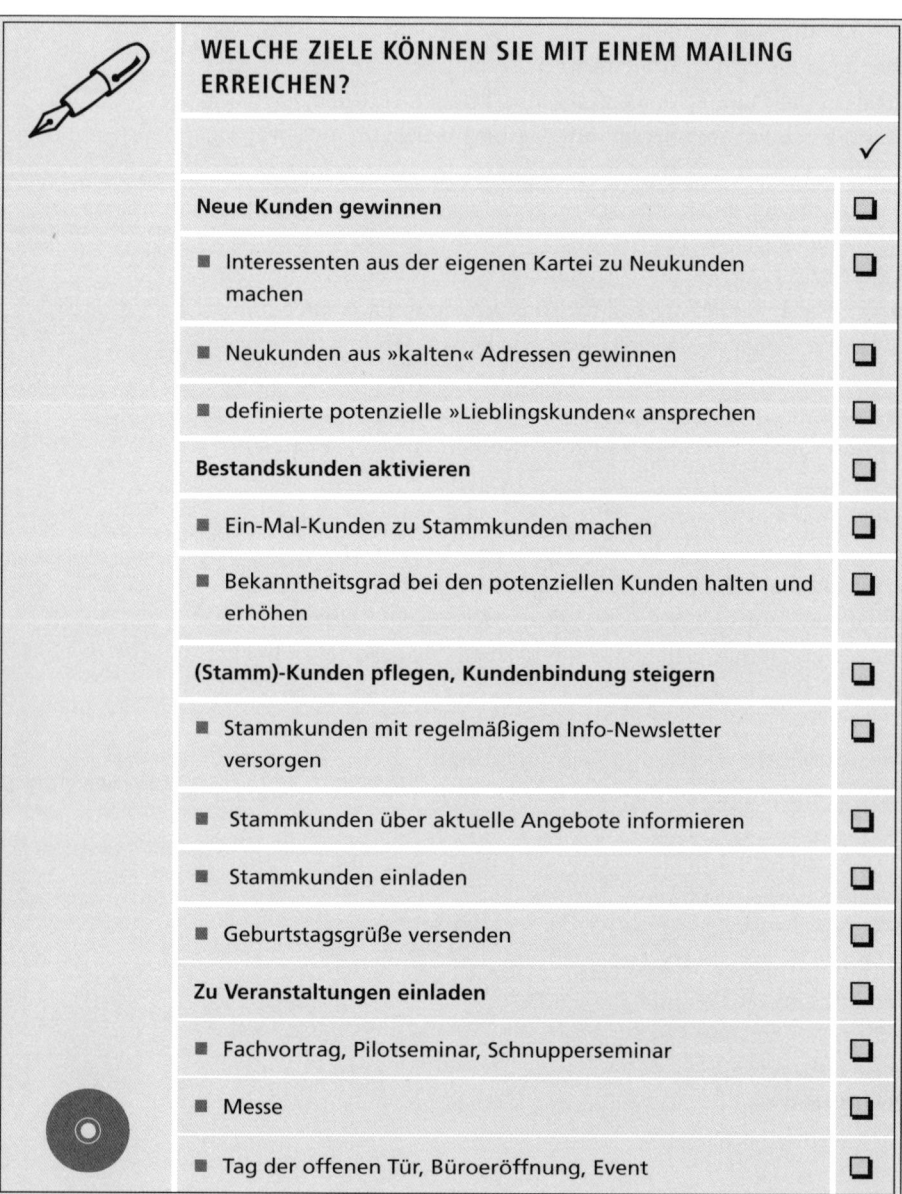

WELCHE ZIELE KÖNNEN SIE MIT EINEM MAILING ERREICHEN?

	✓
Neue Kunden gewinnen	❑
■ Interessenten aus der eigenen Kartei zu Neukunden machen	❑
■ Neukunden aus »kalten« Adressen gewinnen	❑
■ definierte potenzielle »Lieblingskunden« ansprechen	❑
Bestandskunden aktivieren	❑
■ Ein-Mal-Kunden zu Stammkunden machen	❑
■ Bekanntheitsgrad bei den potenziellen Kunden halten und erhöhen	❑
(Stamm)-Kunden pflegen, Kundenbindung steigern	❑
■ Stammkunden mit regelmäßigem Info-Newsletter versorgen	❑
■ Stammkunden über aktuelle Angebote informieren	❑
■ Stammkunden einladen	❑
■ Geburtstagsgrüße versenden	❑
Zu Veranstaltungen einladen	❑
■ Fachvortrag, Pilotseminar, Schnupperseminar	❑
■ Messe	❑
■ Tag der offenen Tür, Büroeröffnung, Event	❑

Natürlich: Geschäft braucht Neukunden. Aber gerade deshalb brauchen Sie Ihre Stammkunden. Die besten Stammkunden sind Empfehlungsgeber, also Stammkunden, die Neukunden für Sie akquirieren.

HEISSAKQUISE-MAILING: »ICH DENKE AN DICH!«

Mit diesem Mailing sprechen Sie folgende Zielgruppen an:

Zielgruppen

- Kunden, Geschäftspartner und Teilnehmer
- Zuhörer in Ihren Vorträgen
- Messebesucher
- Kollegen

Die beste Heißakquise besteht in der regelmäßigen Stammkundenbetreuung, zum Beispiel über einen Infoletter, der viermal im Jahr erscheint. Themen können sein:

- Tipps und Informationen
- Einladung zu regelmäßigen Terminen, Veranstaltungen
- spezielle Stammkundenevents (Kunden-get together)

Bieten Sie den Lesern Nutzen: Tipps und Hinweise zu aktuellen Entwicklungen zeigen, dass Sie an Ihre Kunden denken. Insbesondere wenn Sie an Stammkunden Mailings schicken, sollten Sie es vermeiden, ständig etwas zu »verkaufen«.

BEISPIEL HEISSAKQUISE: GABRIELE HENKEL, ORGANISATIONSBERATUNG IM GESUNDHEITSWESEN

Als Neujahrsgeschenk beigelegt war ein Leuchtturm-Lesezeichen.

Ihr Leuchtfeuer 2006

Anrede,

unterwegs zu neuen Zielen, in rauer See und unbekannten Gewässern – gut, wenn wir dabei Wegbegleiter haben, die uns unterstützen, den Kurs zu finden und zu halten. Leuchtfeuer und Leuchttürme erfüllen diese Aufgabe seit der Antike.

Ihr persönlicher Leuchtturm soll Sie daran erinnern, dass ich Sie mit Sachverstand und Engagement durch die Stürme des Alltags begleite und gerne für Sie ein Leuchtfeuer entzünde. Aus vielen Beratungsgesprächen und Trainings des letzten Jahres habe ich drei aktuelle Sturmkategorien identifiziert:

- **Sturmtief »Team«:** Warum funktioniert das Team nicht so, wie ich will? Wer führt hier eigentlich wen?

- **Untiefe »Marketing«:** Wie können wir unsere Leistungen, unser Angebot glaubwürdig verkaufen? Wie können wir aus vielen Einzelaktionen ein stimmiges Ganzes machen?

- **Bermudadreieck »Krankenkassen-Verbände-Patientinnen«:** Wie kann es gelingen, unser Angebot nach außen zu präsentieren und uns nicht zu verzetteln zwischen den Bedürfnissen der verschiedenen Ansprechpartner?

Ich unterstütze Sie dazu – gerne auch einmal »nur« mit einem kurzen Tipp oder Gespräch am Telefon. Auf Ihre E-Mail oder einen Anruf freue ich mich: info@gabrielehenkel.de oder Telefon 0123/45 678

Für 2006 wünsche ich Ihnen weiterhin gute Fahrt und viel Spaß mit Ihrem Leuchtturm – beim Studium der Fachliteratur, beim Schmökern zu Hause und natürlich am Strand.

Ihre

Gabriele Henkel

WARMAKQUISE-MAILING: STETER TROPFEN HÖHLT DEN STEIN

Wen sprechen Sie mit dem Warmakquise-Mailing an?

Zielgruppen für die Warmakquise

- Empfehlungsadressen
- Interessenten und Unternehmen, die vor längerer Zeit an Ihrer Dienstleistung Interesse hatten

Wer sich schon einmal gemeldet, aber bisher noch kein Seminar gebucht hat, braucht manchmal einfach etwas Zeit. Vielleicht war bisher der Bedarf noch nicht da, persönliche Lebensumstände haben sich verändert oder es ist ein großes Projekt dazwischen gekommen. Hier gilt: Steter Tropfen höhlt den Stein. Regelmäßige Mailings, oft über Jahre hinweg, sorgen für stetigen Kundennachschub. Themen können sein:

- niederschwelliges Angebot: Info-Abend, Vortrag, Schnupper-Seminar
- Messeeinladung

BEISPIEL WARMAKQUISE:
INLINGUA STUTTGART

Einladung zum inlingua-Sprachentag 2011

Anrede,

wie können Sie die Qualität von Sprachtrainings am besten beurteilen? Welche Informationen unterstützen Sie, wenn Sie für Ihre Mitarbeiter aus einem breiten Angebot die passenden Trainingsmaßnahmen auswählen?

Wir haben die Erfahrung gemacht: Im persönlichen Gespräch und durch praktische Erfahrung entsteht ein klares Bild. Deshalb laden wir Sie herzlich ein zum

    inlingua-Sprachentag 2011

    Freitag, 15. April, von 14.00 bis 18.00 Uhr

    in den inlingua-Räumen: Stuttgart, Nadlerstraße 21

Ein Tag, an dem Sie:

- die inlingua-Methode kennen lernen – **in einer echten Trainingssituation**

- direkt vor Ort **mehr über unser Trainingskonzept erfahren**

- unsere Trainer **live erleben**

- Erfahrungen austauschen, Fachgespräche führen und Kontakte knüpfen

Wir freuen uns schon darauf, Sie beim inlingua-Sprachentag 2002 zu sehen.

Schöne Grüße

inlingua Stuttgart

Heidrun Englert

PS: Für Ihre Antwort – bitte bis spätestens 12. April – habe ich ein Fax für Sie vorbereitet. Faxen Sie uns: 0123/456789.

LAUWARMAKQUISE-MAILING: »ICH HABE IN DER PRESSE VON IHNEN GELESEN«

Ihre Hauptzielgruppe sind hier Unternehmen und Personen, über die Sie in der Lokalpresse lesen. In den PR-Berichten der Lokalpresse lesen Sie oft ausgiebige Informationen über Ihre potenziellen Kunden:

Die Lokalpresse studieren

- Die örtliche VHS ist jetzt zertifiziert nach EFQM.
- Unternehmen A ist jetzt Ökoprofit-Betrieb.
- Die Universität B veranstaltet einen Kongress.
- Die Stellenanzeige des Unternehmens C signalisiert: Wir expandieren.
- Das Unternehmen D feiert 25-jähriges Jubiläum.

Die Botschaft ist klar: Diese Unternehmen sind interessiert an Qualität, Entwicklung, Personalentwicklung – also an den Dienstleistungen von Trainern. Beratern und Coachs. Diese Unternehmen können Sie mit einem Brief oder einer E-Mail (»Ich habe in der Presse von Ihnen gelesen«) ansprechen. Und dann telefonieren Sie hinterher.

Das Unternehmen ansprechen

Übrigens: Sie werden sich wundern, wenn Sie im Gespräch mit diesen Unternehmen erfahren, wie wenig direkte Resonanz sie auf Zeitungsartikel erhalten! Oft sind Sie sogar der Einzige, der sagt: »Glückwunsch! An welcher Stelle können Sie sich eine Zusammenarbeit vorstellen?«

Sie sind uns aufgefallen / Herzlichen Glückwunsch zu ...

Anrede,

[in der Zeitung vom 1.1.201x habe ich über Sie gelesen. Herzlichen Glückwunsch zu / xyz – ein wichtiges Thema.]

Während ich mit wachsender Begeisterung gelesen habe, ist mir der Gedanke gekommen: Gerne würde ich Sie und Ihr Unternehmen kennen lernen und einladen. Denn: Engagierte und innovative Unternehmen – das ist es, was unsere Region braucht.

Einladung

Deshalb laden wir Sie herzlich ein: zum **Personal-Kolleg** für kleine und mittelständische Unternehmen im Landkreis D. Das erste Kolleg 200x war ein voller Erfolg. Acht Unternehmen nutzten dieses praxisnahe Programm zur Personalqualifizierung und zur Steigerung der Wettbewerbsfähigkeit. In der Broschüre finden Sie wichtige Informationen über Konzept, Inhalt und Programm des Kollegs.

Im Oktober startet die zweite Runde. Ich kann mir gut vorstellen, dass Ihr Unternehmen besonders von einer Teilnahme profitiert. Übrigens: Das Personal-Kolleg wird empfohlen

■ von der Wirtschaftsförderung des Landratsamtes D
■ vom Bundesverband Mittelständischer Wirtschaft, Kreisverband D

Beste Empfehlungen kommen auch von den Teilnehmern, die das erste Kolleg übereinstimmend positiv bewerteten. Gerne nenne ich Ihnen **Referenzen in der Region!**

Ich freue mich auf einen kurzen Austausch und ein persönliches Kennenlernen. Meine Telefonnummer: 0123/45678

Freundliche Grüße

Tanja Trainer

KALTAKQUISE-MAILING: ERST DAS MAILING, DANN DER ANRUF

Jetzt sprechen Sie ausgewählte Zielgruppen an – das entscheidende Wort heißt »ausgewählte«. Denn hier kommt es auf die Auswahl an. Die Erfolgsfaktoren eines Mailings sind – in dieser Reihenfolge:

1. die richtige Zielgruppe
2. das richtige Angebot
3. der richtige Zeitpunkt
4. die richtige Verpackung

Auf die Auswahl der Zielgruppe kommt es an!

Schätzen Sie Ziele und den Erfolg von Kaltakquise-Mailings realistisch ein. Eine Reaktion, ein positives Nachfass-Gespräch, eine Terminvereinbarung – das sind bereits Ihre Ziele. Gratulation, wenn Sie diese Ziele erfolgreich erreichen. Erwarten Sie nicht zu viel. Kein Mailing, und sei es noch so toll getextet, verkauft auf Anhieb 20 Trainingstage. Der Verkauf von Beratungs- und Trainingsleistungen verlangt langen Atem und mehr als einen einzigen Brief-Kontakt.

Das »Nahziel« ist der Kontakt oder die Terminvereinbarung.

Deshalb sollten Sie das Mailing und telefonischen Nachfass kombinieren. Denn ein Mailing, das von einem Nachfass-Telefongespräch nachgefasst wird, ist erfolgreicher als ein Nur-Mailing.

Mailing plus Telefonanruf ist erfolgreicher

Und es gilt: Eine Mailingaktion, die über Monate angelegt ist, ist erfolgreicher als ein einmaliges Mailing – insbesondere dann, wenn Sie auch hier wieder nachtelefonieren und die Mailings mit weiteren Elementen kombinieren, zum Beispiel mit einem Messeauftritt oder einer Vortragsreihe.

immer – alle – ständig – nie
Aktuelle Konflikte offensiv managen

Anrede,

»er bringt **immer** die unmöglichsten Vorschläge«
»**alle** sind schon genervt von ihrer Art«
»es gibt **ständig** Probleme mit ihm«
»**nie** kann sie einen ausreden lassen«

Solche Sätze sind Konflikt-Indikatoren – gerade auch für schwelende Konflikte, die jederzeit aktuell auftauchen und eskalieren können.

Rechtzeitig **Konflikte erkennen und offensiv managen,** das ist eine Schlüsselqualifikation jeder verantwortlichen Führungskraft. Denn: Konflikte in einem Team oder einer Abteilung kosten viel Energie und letztlich auch Geld.

Deshalb erhalten Sie heute Informationen zum nächsten Konflikt-Gruppencoaching. Führungskräfte, die in einen Konflikt involviert sind, haben hier zwei Tage Zeit,

- den Konflikt aus verschiedenen Perspektiven professionell zu durchleuchten
- konkrete Handlungsstrategien zu entwickeln
- bewusste und reflektierte Interventionen kennen zu lernen

Die Gruppengröße ist begrenzt auf acht Teilnehmende. Die Form des offenen Trainings hat sich bewährt: So können Konflikte direkter angesprochen werden als im Inhouse-Rahmen.
Ich lade Sie und Ihre Mitarbeitenden hiermit herzlich ein und berate Sie gerne ausführlich. Meine Telefonnummer: 0123/456789.

Freundliche Grüße

Franz J. Knist

BEISPIEL KALTAKQUISE 2:
ELISABETH KRÄUTER UND GÜNTHER FROSCH

Die beste Referenz für Ihre Ausbildung:
Wirtschaftlich erfolgreiche Berater

Sehr geehrter,

Ihre Teilnehmer haben investiert in eine Ausbildung mit Substanz. Eine Investition, die sich sicher auszahlt.

Für den wirtschaftlichen Erfolg auf dem umkämpften Beratungsmarkt ist es für Ihre Teilnehmer neben der fachlichen Qualifikation vor allem wichtig, dass sie für potenzielle Kunden sichtbar, greifbar, erlebbar sind – durch ein klares Profil, einen wirkungsvollen Auftritt, eine deutliche Sprache.

Damit Ihre Teilnehmer dabei Schnellschüsse und teure Werbeflops vermeiden, begleiten wir bei Selbstmarketing und schriftlichem Auftritt. Wir, das sind:

- Elisabeth Kräuter, seit zwölf Jahren Expertin für Selbstmarketing: In meiner Selbstmarketing-Klausur arbeiten Berater ein klares Profil heraus, konzentrieren sich auf den Kern des eigenen Angebots und entwickeln Strategien für den Marktauftritt. www.elisabeth-kraeuter.de
- Günther Frosch, seit acht Jahren Textberater: Ich unterstütze Berater mit ansprechenden Prospekten, aussagekräftigen Werbetexten, übersichtlichen Websites und wirksamen Mailings. Mein TextCheck gibt Feedback – wichtig bereits für die Visitenkarte. www.frosch.biz

Wir können auf eine langjährige Kooperation zurückblicken. Dabei begleiten wir unsere Kunden sehr persönlich, bei aktuellen Projekten ebenso wie über einen längeren Zeitraum. Fragen zu unserem Angebot? Wir freuen uns auf den Austausch mit Ihnen.

Für heute sende ich Ihnen freundliche Grüße, auch von Elisabeth Kräuter.

Günther Frosch

PS: Ein Gemeinschaftsprodukt legen wir Ihnen als erste praktische »Arbeitsprobe« bei.

NACHFASSAUFWAND RICHTIG EINSCHÄTZEN

Damit die Wirkung des Mailings nicht verpufft, sollten Sie Ihren Nachfassaufwand realistisch einschätzen: Wenn Sie in der Kalenderwoche (KW) 18 etwa 250 Briefe verschicken, können Sie in KW 19 nur einen winzigen Bruchteil nachtelefonieren – es sei denn, Sie beauftragen ein Call-Center.

Wenn Sie Mailings sorgfältig nachfassen wollen, dann verschicken Sie besser nicht 250 Briefe auf einmal, sondern etwa nur fünf Briefe pro Woche, verteilt über ein Jahr.

Wochenplan für die Kaltakquise

Hier ein Wochenplan für die Kaltakquise, der nicht nur das Mailing berücksichtigt, sondern auch den Aufwand für das Nachtelefonieren, den Materialversand und die Termine. Sie sehen: In der ersten Woche verschicken Sie »nur« fünf Briefe, in der vierten Woche haben Sie schon ganz gut zu tun!

Kaltakquiseplan: Fünf Mailings pro Woche				
	KW Start (1)	KW Folge (2)	KW Folge (3)	KW Folge (4)
Aktivitäten pro KW	Mailing an fünf Empfänger versenden	Mailing an fünf Empfänger versenden	Mailing an fünf Empfänger versenden	Mailing an fünf Empfänger versenden
		Nachtelefonieren aller Empfänger KW 1 – Ziel: Terminvereinbarung	Nachtelefonieren aller Empfänger KW 2 – Ziel: Terminvereinbarung	Nachtelefonieren aller Empfänger KW 3 – Ziel: Terminvereinbarung
		Zusätzliches Material verschicken an die Gesprächspartner, die das wünschen	Zusätzliches Material verschicken an die Gesprächspartner, die das wünschen	Zusätzliches Material verschicken an die Gesprächspartner, die das wünschen

	KW Start (1)	KW Folge (2)	KW Folge (3)	KW Folge (4)
Aktivitäten pro KW			Nachtelefonieren der Empfänger KW 1, die in KW 2 telefonisch nicht erreicht wurden	Nachtelefonieren der Empfänger KW 1/2, die in KW 2 telefonisch nicht erreicht wurden
			Termine wahrnehmen, dort zusätzliches Material übergeben	Termine wahrnehmen, dort zusätzliches Material übergeben
			Eventuell nach dem Termin Angebot erstellen und weiteres Material schicken	Eventuell nach dem Termin Angebot erstellen und weiteres Material schicken
				Nachtelefonieren der Termine und Angebote KW 3: »Wie steht es um Ihre Entscheidung, was brauchen Sie noch?«

WICHTIGE TIPPS FÜR IHRE MAILING-AKTIONEN

Es gibt einige Dinge, die Sie bei Ihren Aktionen auf jeden Fall vermeiden, und andere, die Sie unbedingt beachten sollten:

- Verzichten Sie auf billige Gimmicks wie Gummibärchen, Kopfschmerztabletten.
- Verzichten Sie auf zu häufig verwendete Zitate: »Der Kopf ist rund, damit das Denken die Richtung ändern kann.«
- Geben Sie Ihrem Brief eine persönliche Note: Verwenden Sie Briefmarken und unterschreiben Sie persönlich, wenn Sie kleine Serien versenden.

Persönliche Note geben

- Machen Sie sich vertraut mit Ihrer Zielgruppe: Bedarf, aktuelle Entwicklungen, Stellenangebote, relevante Messen – vieles können Sie heutzutage bequem im Internet recherchieren, zum Beispiel auf den Seiten von Verbänden und direkt auf den Websites Ihrer potenziellen Kunden. Grundsätzliche Informationen finden Sie insbesondere auf den Seiten »Philosophie« oder »Wir-über-uns«. Unter »Profil«, »Kontakt« oder »Impressum« können Sie die Funktionsbezeichnungen und Aufgabenbereiche potenzieller Ansprechpartner recherchieren.

Den Leser nicht anschleimen
- Manche Ratgeber empfehlen, den Empfänger im Mailing mehrfach namentlich anzusprechen. Also etwa so: »Sehr geehrter Herr Müller, uns ist aufgefallen, dass Sie, Herr Müller, vor zwei Jahren in unserem Kommunikationsseminar waren. Jetzt bieten wir einen Aufbaukurs an. Das wäre doch was für Sie, sehr geehrter Herr Müller. … Der Kurs findet im Dezember statt. Ich freue mich, wenn ich Sie, Herr Müller, dann begrüßen kann.« Diese Bauchpinselei mag im Bereich des Mailings an private Empfänger etwas bewirken, im B2B-Bereich bewirkt das garantiert das Gegenteil des Beabsichtigten.

Konkretes Thema
- Ein Brief hat ein Thema. Diese wichtige Regel gilt auch für Mailings. Auch ein Mailing hat genau ein Angebot zum Inhalt. Wenn Sie zu viel hineinpacken, Ihre ganze Angebotspalette darstellen, mehrere Seminare vorstellen und auch noch auf die nächste Messe einladen – dann verliert der Leser den Überblick.
- Ein Brief hat eine Seite. Ein Mailing ebenso. Zusätzliche Informationen, beispielsweise die Seminarbeschreibung oder methodische Infos, gehören auf eine zweite Seite oder in einen Flyer.
- Wenn Sie Briefe verschicken, dann drucken Sie die Pfad-Angaben der Datei bitte nicht mit aus, sondern markieren sie als verborgenen Text. Gerade auch dann, wenn Sie einen Serienbrief verschicken. Also nicht so: C:_akquise\brief-an-alle-kunden.doc. Damit signalisieren Sie nur: »Diesen

unpersönlichen Brief haben außer Ihnen gerade auch tausend andere Kunden erhalten.«

■ Adresspflege durch Mailings: Ihre Kunden ziehen um! Gerade wenn zu Ihren Kunden und Interessenten viele Einzelunternehmer und Privatkunden zählen, müssen Sie damit rechnen, dass sich innerhalb von drei Jahren bis zu 30 Prozent der Adressen ändern. Regelmäßige Mailings per Post haben deshalb einen erfreulichen Nebeneffekt: Sie erhalten jeweils die aktuelle Adresse. Wie? Ganz einfach. Ein typischer Nachsendeauftrag ist sechs Monate lang gültig. Geht Ihr Brief nach Ablauf dieser Frist an die alte Adresse, erhalten Sie ihn zurück mit dem Vermerk »unbekannt verzogen« – die Adresse ist damit wertlos geworden. Um also über jeden Umzug informiert zu werden, müssen Sie mindestens zweimal jährlich ein Mailing verschicken. (Zur nötigen Postverfügung auf dem Briefumschlag siehe Kapitel 2.)

An Adresspflege denken

■ Werfen Sie Adressen nicht zu früh aus der Datei. Bedenken Sie, dass sich spezielle Bedürfnislagen oft im Jahresrhythmus wiederholen. Das geht uns als Privatpersonen ja auch so: Immer im Herbst bestelle ich meinen Tee für den Winter. Immer im Frühling werden Vespa-Roller verkauft. Auch im Seminargeschäft ist das nicht anders. Im November beispielsweise buchen öffentliche Auftraggeber die Seminare für das nächste Jahr – jedes Jahr aufs Neue. Schade, wenn Sie bereits nach einem halben Jahr oder Jahr anfangen »auszumisten«. Faustregel: Die Adresse eines Interessenten sollten Sie mindestens drei Jahre lang in Ihrer Datei behalten – und natürlich auch regelmäßig mit Informationen beschicken.

Nicht zu früh ausmisten

NICHT NUR ZUR WEIHNACHTSZEIT: MAILING-ANLÄSSE

Für den Versand Ihrer Mailings gibt es Anlässe zuhauf: Zu jeder Jahreszeit freuen sich die Kunden über Grüße und Mailings – nicht nur zu Weihnachten. Zu Weihnachten geht Ihr Mailing wahrscheinlich sogar eher unter: Bei mir stapeln sich in der Zeit vor Weihnachten die Grußkarten. Ich öffne die Umschläge zum Teil gar nicht mehr, lege alles erst einmal auf Seite – und entsorge den Berg zu Jahresbeginn, weitgehend ungelesen. Besser sind da:

Mailing-Anlass »Frühjahrsputz«

- Grüße zu Jahresbeginn
- Grüße zu Ferienbeginn oder Ferienende
- Erkältungszeit
- Valentinstag
- Aschermittwoch
- Frühjahrsputz
- Frühling-, Sommer-, Herbst-, Winteranfang
- Ostern, Erntedank, Halloween, 1. Advent, Nikolaus

Jubiläum: 100 Tage oder 18 Jahre

Mit einer Jubiläumsveranstaltung müssen Sie nicht 25 Jahre lang warten. Auch andere Anlässe lassen sich feiern:

- zwölf Monate, die ersten 100 Tage, 1001 Nächte
- »Hurra, 18 Jahre – endlich volljährig«
- »Mitten in der Trotzphase: drei Jahre Trainingsinstitut xy«

Kreative Ideen

Zeigen Sie Kreativität und nehmen Sie etwa das Jubiläum der Geschäftsbeziehung als Mailing-Anlass: »Jetzt sind es schon zehn Jahre … Können Sie sich noch erinnern an die Zeit, als wir unsere Geschäftsbeziehung begonnen haben? Was ist seither alles geschehen! Welche Projekte haben wir in dieser Zeit gemeinsam bearbeitet: …«

Wenn bei Ihnen eine Adressänderung oder eine Serviceverbesserung ansteht, haben Sie damit ebenfalls einen Anlass, um Ihre Kunden mit Hilfe eines Mailings zu informieren:

Alles neu macht das Mailing

- Umzug und neue Adresse
- neue E-Mail
- neue Website
- Download auf der Website
- Trainingsprotokolle
- Online-Coaching
- Online-Anmeldung
- Kunden-Umfrage

Oder Sie laden Ihre Gesprächspartner ein, etwa zur Büroeröffnung, zum Messegespräch, zum Pilot- oder Schnupperseminar, zum Tag der offenen Tür, zur Veranstaltung »Kunde-trifft-Kunde«, zum offenen Seminar, zum Businessfrühstück, zum Live-Coaching oder zu Ihrem Fachvortrag.

DANKE FÜR DIE ANTWORT: DAS ANTWORTELEMENT

Das Antwortelement kann eine Postkarte, eine Faxantwort, aber auch ein Link sein, zum Beispiel zum Anmeldeformular auf Ihrer Website. So kann sich der Kunde anmelden oder weitere Informationen anfordern: eine Broschüre, Checklisten, Tipps oder Referenzen.

Bedenken Sie: Sie sind verantwortlich für die Reaktionen Ihrer Leser. Damit Sie das erreichen, was Sie wollen:

Reaktionen des Kunden herausfordern

- geben Sie Ihrem Antwortelement einen Namen: Antwort-Coupon, Teilnahmekarte, Eintrittskarte, Seminargutschein,

Faxantwort. Nennen Sie das Antwortelement bitte nicht
»Rückantwort«. Es gibt ja auch keine »Vor-Antwort«.

- geben Sie klare Handlungsanweisungen: Führen Sie Ihre
  Leser durch das Antwortelement durch, geben Sie Alternativen vor, lassen Sie Ihre Leser ankreuzen.
- bieten Sie auch Nein-Alternativen an: etwa »Nein, diesmal
  klappt es leider nicht.« Dann können Sie antworten: »Danke
  für Ihre Nachricht, ich schicke Ihnen Termine zu und freue
  mich, wenn es dann klappt.«

ANTWORTELEMENT-BEISPIEL

**Fax-Antwort bis 12. April
an: inlingua Stuttgart**   0123 / 45 678

Ja,

☐ Ich komme zum Sprachentag am 19. April 2011.

☐ Gerne nehme ich am Probetraining Russisch für Anfänger teil.

☐ Gerne nehme ich am Probetraining Englisch für Fortgeschrittene teil.

☐ Aus unserem Unternehmen bringe ich noch ___ Personen mit.

Nein,

☐ Ich kann leider nicht kommen, bin aber an weiteren Informationen zu
inlingua-Sprachtrainings interessiert. Rufen Sie mich bitte an.

☐ Ich kann leider nicht kommen, bin aber an einem persönlichen
Gespräch in unserem Haus interessiert. Bitte rufen Sie mich an.

☐ Diesmal klappt es leider nicht. Halten Sie mich aber bitte über weitere
interessante Veranstaltungen auf dem Laufenden.

PATENTLÖSUNG E-MAILING?

»Da sparen wir uns das Porto und schicken unsere Mailings ab jetzt einfach per E-Mail.« Eine Überlegung, die nahe zu liegen scheint. Aber Vorsicht: Bevor Sie eine solche gravierende Entscheidung treffen, sollten Sie genau prüfen:

- Wie wichtig, vertraut oder nützlich ist die Papierform Ihren Kunden? Aktuelle Forschungen weisen darauf hin, dass Informationen auf Papier besser erinnert werden als digital präsentierte (Quelle: managerSeminare, Heft 163, Oktober 2011, Seite 9).

E-Mailings wollen sorgfältig geplant sein!

- Wie können Sie Ihre E-Mail einerseits einfach, leserfreundlich aufbauen und dabei wichtige Botschaften, Bilder und Ihr Corporate Design transportieren? Viele Kunden drucken E-Mails letztlich doch aus. Prüfen Sie, wie Ihre Hausfarbe, Ihre Schrift dabei aussieht.
- Wie gut und spezifisch ist Ihr Adressmaterial? Erreichen Mails an die Adressen kontakt@firma.de oder info@firma.de tatsächlich den Zuständigen in der Personalabteilung oder die Ansprechpartnerin im Marketing?
- Wie gut ist Ihre Zielgruppe auf den Wechsel von Papier zu E-Mail eingestimmt? Einfach wechseln, ohne den Kunden vorher zu informieren und ihn mit einer E-Mail überraschen, ist nicht die feine Art.

Die meisten der Fragen lassen sich sehr gut mit Hilfe einer Kundenumfrage beantworten. Bevor Sie also auf E-Mailings umstellen, sollten Sie nichts überstürzen, nur weil Sie gerade in Spar-Laune sind.

Überlegen Sie einmal: Welche Nutzenversprechen könnten Ihre Kunden dazu bewegen, E-Mailings besser zu akzeptieren? Hier einige Argumente:

- Sie erhalten Informationen schneller und früher als per »Schneckenpost«.
- Sie erhalten regelmäßige Surftipps; die Links können sie direkt anklicken und müssen sie nicht erst abschreiben.
- Sie sichern sich frühzeitig die besten Plätze und können Frühbucherrabatte nutzen.
- Sie erhalten Tipps und Hinweise im praktischen PDF-Format.

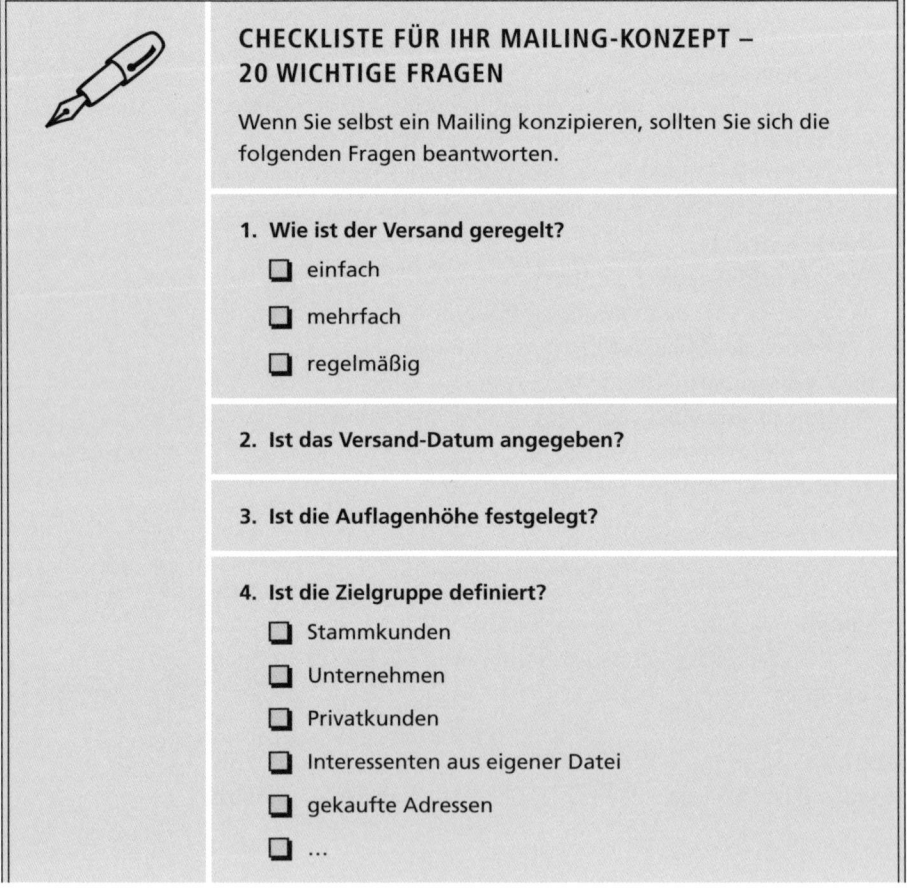

CHECKLISTE FÜR IHR MAILING-KONZEPT – 20 WICHTIGE FRAGEN

Wenn Sie selbst ein Mailing konzipieren, sollten Sie sich die folgenden Fragen beantworten.

1. Wie ist der Versand geregelt?

☐ einfach

☐ mehrfach

☐ regelmäßig

2. Ist das Versand-Datum angegeben?

3. Ist die Auflagenhöhe festgelegt?

4. Ist die Zielgruppe definiert?

☐ Stammkunden

☐ Unternehmen

☐ Privatkunden

☐ Interessenten aus eigener Datei

☐ gekaufte Adressen

☐ ...

5. Wer ist der Entscheider?
   (Man with Authority and Need)

Liegen die folgenden Infos zum Entscheider vor? Region, Branche, Unternehmensgröße, Funktion im Unternehmen (Geschäftsführer, Personalleiter, IT-Verantwortlicher etc.), Geschlecht, weitere Merkmale

6. Wie ist die Beziehung zwischen Ihnen und der Zielgruppe definiert?

☐ Die Zielgruppe ist bereits Kunde.

☐ Die Zielgruppe kennt das Unternehmen.

☐ Die Zielgruppe kennt Ihre Dienstleistung.

☐ Die Zielgruppe kennt das konkrete Angebot, das Inhalt des Mailings ist.

☐ Die Zielgruppe sind potenzielle Neukunden, die das Unternehmen noch nicht kennen.

☐ Sonstiges:

7. Ist das Ziel des Mailings definiert? Welche speziellen Ziele verfolgen Sie mit dem Mailing?

8. Wie sollen neue Kunden gewonnen werden?

☐ Interessenten aus der eigenen Kartei zu Neukunden machen

☐ Neukunden aus »kalten« Adressen gewinnen

☐ definierte potenzielle »Lieblingskunden« ansprechen

☐ Sonstiges:

9. Wie sollen Bestandskunden aktiviert werden?

❏ Ein-Mal-Kunden zu Stammkunden machen

❏ Bekanntheitsgrad bei den potenziellen Kunden halten und erhöhen

❏ Sonstiges:

10. Wie sollen die (Stamm)-Kunden gepflegt und die Kundenbindung gesteigert werden?

❏ Stammkunden mit regelmäßigem Info-Newsletter versorgen

❏ Stammkunden über aktuelle Angebote informieren

❏ Stammkunden einladen

❏ Sonstiges:

11. Soll zu einer Veranstaltung eingeladen werden?

❏ Fachvortrag, Pilotseminar, Schnupperseminar

❏ Messe

❏ Tag der offenen Tür, Büroeröffnung, Event

❏ Sonstiges:

12. Was hat der Kunde davon, wenn er die Dienstleistung kauft? Ist dies im Mailing erläutert?

13. Welche Informationen enthält das Mailing über das Angebot, die Leistung, das Produkt?

14. Wie ist der Tonfall des Mailings gehalten?

witzig oder ernst, ermunternd oder informierend ...

15. Was soll die Aktion auslösen?

Infomaterial-Anforderung, Anruf …

16. Wie soll sich der Kunde melden?

Per Fax, Telefon, Antwortkarte, E-Mail oder über die Website?

17. Welche Bestandteile soll das Mailing enthalten?

18. Wie sollen die Bestandteile gestaltet sein?

19. Was passiert, wenn der Leser nicht reagiert?

Fassen Sie telefonisch nach? Wann senden Sie ein zweites, wann ein drittes Mailing?

20. Was passiert, wenn der Kunde reagiert?

Erhält er ausführliche Unterlagen? Wie wird der folgende Begleitbrief auf das Mailing abgestimmt?

5. DAS PROFIL MIT DER DREIFACHWIRKUNG

Menschen sind neugierig auf Menschen. Deshalb interessieren sie sich für den Menschen hinter Angebot, Jahreszahlen und Titel und fragen:

- Wer steckt dahinter?
- Was ist das für einer?
- Wo hat sie bisher gearbeitet?
- Welche Erfahrungen kann sie nachweisen?
- Warum nennt er sich »Spezialist für ...«?

**Der »Lebenslauf«
als Profil**

Was bei einer Bewerbung der Lebenslauf ist, ist bei Ihrem schriftlichen Auftritt als Trainer, Berater oder Coach das Profil. Für die Kunden ist es der Text, in dem sie etwas über die Person, den Menschen erfahren wollen.

Das Profil ist natürlich besonders wichtig für Einzelunternehmer, aber auch zur Positionierung der verschiedenen Trainer eines Trainingsinstituts. Denn oft lauten Empfehlungen so: »Wenn Du eine Coachingausbildung machen willst, dann empfehle ich Dir das Trainingsinstitut x, weil ... Am besten dort fand ich Trainerin y, die ist ...«

Die meisten Trainerinnen oder Berater haben heute neben dem Profil auf der eigenen Website auch Profile in sozialen Netzwerken. Achten Sie darauf, dass Inhalte und Begrifflichkeiten konsistent sind. Ein- bis zweimal pro Jahr sollten Sie zusätzlich über Google oder www.123people.com Ihre digitalen Profile, Identitäten und damit Ihre Reputation im Netz überprüfen.

Ihr Profil als Trainer, Berater oder Coach sollte in dreifacher Weise wirken:

- kompetent
- kommunikativ
- kompatibel

WIRKUNG 1: SIE SIND KOMPETENT

Hier geht es um Fakten und Stationen, um Know-how, Qualifikation und Erfahrung. Der Leser will eine Antwort auf seine Frage: »Welche Kompetenznachweise machen das Angebot des Trainers, Beraters oder Coachs glaubwürdig?«:

- Berufs-, Projekterfahrung
- Ausbildung
- Weiterbildung

> **TIPP**
>
> Wenn Sie einen Studienabschluss haben, dann geben Sie das an. »1988 – 1993: Studium der Kommunikationswissenschaft« heißt lediglich, dass Sie in dieser Zeit studiert haben. Es könnte auch bedeuten, dass Sie die Uni ohne Abschluss verlassen haben.
>
> **Also besser so:** »1988–1993: Studium der Kommunikationswissenschaft, Abschluss: MA«

Ihre Kompetenz ist die Basis. Lassen Sie keine Zweifel an Ihrer Kompetenz aufkommen und schließen Sie typische Lücken. Einem Profil ohne Zahlen, Fakten oder Namen etwa fehlen die Beweise. Wenn Sie Ihre beruflichen Stationen konkret benennen, dann ergibt sich für den Leser ein klareres Bild.

BEWEISEN SIE KOMPETENZ

So also bitte nicht:

■ »Erfahrung als Unternehmerin«

■ »Agentur-Erfahrung«.

■ »Mehrjährige Tätigkeit als Managerin Dialogmarketing in einem internationalen High-Tech-Unternehmen«

So ist es besser:

GABRIELE HENKEL, ORGANISATIONSBERATUNG IM GESUNDHEITSWESEN

■ Langjährige Berufserfahrung im Gesundheitswesen, u. a. als Referatsleiterin Öffentlichkeitsarbeit und Referentin für Qualitätsmanagement bei der AOK Bayern. Arbeitsschwerpunkte:
  - Entwicklung und Umsetzung von Zertifizierungsverfahren und Qualitätsmanagementprogrammen
  - Entwicklung und Umsetzung von PR- und Marketingaktionen
  - Konzeption, Koordination und Durchführung von Marktforschungsmaßnahmen
  - Verbands- und Gremienarbeit auf Landes- und Bundesebene

Oder so:

RAINER KRAUSE

■ Unternehmensberater und Interimsmanager

■ Diplom-Chemiker

■ Rund 20 Jahre Erfahrung in operativer Verantwortung mit Einsätzen in Europa und Asien, unter anderem als
  - Leiter technischer Vertrieb Chemiekatalysatoren der Degussa AG
  - Betriebsleiter im Katalysatorbetrieb der Degussa AG
  - Werksleiter und Verkaufsleiter bei RAG Additive GmbH
  - Geschäftsführer der Chemikalien Scheins GmbH
  - Leiter Geschäftseinheit Kaschier-Folien bei der LOFO High Tech Film GmbH

Oder auch so:

GABRIELE GOLLING

■ knapp sechs Jahre Berufsausbildung (eigene und andere): 2,5 Jahre eigene Ausbildung zur Bankkauffrau bei der Stadtsparkasse Augsburg und 3,5 Jahre Ausbilderin für den Regionalbereich Sachsen, Thüringen, Sachsen-Anhalt der Bayerischen Vereinsbank mit Sitz in Leipzig

■ über fünf Jahre im Vertrieb: sowohl bei der Stadtsparkasse Augsburg als auch bei der Bayerischen Vereinsbank Augsburg im Bereich Privatkunden sowie Immobilienfinanzierung

■ über zwei Jahre Führungserfahrung: als Filialleiterin der Bayerischen Vereinsbank bzw. HypoVereinsbank in der Niederlassung Kaufbeuren (anfänglich acht, dann 16 Mitarbeiterinnen und Mitarbeiter)

■ mehr als sechs Jahre Personal- und Managemententwicklung: in der Vereins- und Westbank bzw. HypoVereinsbank Hamburg

Vermeiden Sie Zahlenüberfluss: Wenn Sie konkrete Jahreszahlen anführen, dann verzichten Sie auf die Angabe von Monaten – im Lebenslauf mag das richtig sein, nicht aber im Profil:

Zahlenüberfluss vermeiden

Also nicht:

10/2001 bis 5/2003:	Tätigkeit 1
6/2003 bis 1/2004:	Tätigkeit 2

Sondern besser so:

von 1996 bis 2004:	Tätigkeit 1
seit 2005:	Tätigkeit 2

BEISPIEL

Welche Methoden setzen Sie ein? Welche Qualifikationen bringen Sie mit? Das fragt sich Ihr potenzieller Kunde. Auch hier gilt: Werden Sie konkret!

Methoden: ja, aber konkret

BEWEISEN SIE KOMPETENZ

Aber nicht so:

Ausbildungen in

- Gruppendynamik
- NLP und TZI
- Transaktionsanalyse
- Teamentwicklung
- Change Management, Zeit- und Selbstmanagement
- Projektmanagement
- Kommunikation
- Moderation und Präsentation

Sondern besser so:

GABRIELE HENKEL

- Public Relations-Fachwirtin (BAW, München)
- TQM-Auditorin (Steinbeis Transferzentren, Ulm)
- EFQM-Assessorin (Qualität im Krankenhaus Beratungsgesellschaft mbH, Hameln)
- Reteaming-Coach (Institut für Organisationsentwicklung, A-Scharnstein)

Oder so:

GABRIELE GOLLING

- Organisationsentwicklungsberaterin (heinze+alwart, Hamburg) zwölftägig in 2003
- NLPplus-Kommunikationsberaterin / NLP-Practitioner (DVNLP) (alwart+team, Hamburg) 18-tägig in 2005 (zusätzlich 18 Tage Assistenz in 2006)
- Systemische Beraterin (ISS Institut für systemische Studien, Hamburg) zweijährig von 2004–2006 (inkl. Grundlagen der systemischen Therapie und Beratung fünftägig im August 2001)
- Neurosen- und Psychosenlehre für die Praxis sechstägig, Februar 2006

- Persönlichkeitsentwicklung mit dem Enneagramm dreitägig, Februar 2004
- Systemische Therapie bei Suchtproblemen zweitägig im Oktober 2003
- Themenzentrierte Interaktion 3 x 3 Tage Mai 1996 bis April 1997
- Persönlichkeitstraining/Einführung in die Transaktionsanalyse 4 x 3 Tage Oktober 1994 bis März 1995
- Grundlagen für Führungskräfte (1994–1998): Konstruktiv Konflikte lösen, Die ersten 100 Tage, Coaching, Arbeitsmethodik und Selfmanagement, Mitarbeitergespräche, Bewerberauswahl

WIRKUNG 2: SIE SIND KOMMUNIKATIV

Hier geht es darum, *wie* Sie arbeiten und *wie* Sie wirken. Ist Ihr Profil geeignet, eine Kommunikation zwischen Ihnen und dem Adressaten, zwischen dem Text und dem Kunden in Gang zu setzen? Die entsprechende Leserfrage lautet: »Auf wen lassen wir uns ein?«

Damit Ihre Kunden ein deutliches Bild von dem Menschen hinter den Fakten gewinnen, lösen Sie Ihr Profil am besten aus dem Chronologie-Korsett. Wenn das Profil chronologisch aufgebaut ist, wird der rote Faden häufig nicht sichtbar.

Der kommunikative Trainer, Berater und Coach

Um den roten Faden zu finden, können folgende Fragen hilfreich sein:

- Welche Tätigkeiten, welche Aufgabenbereiche sind mir immer wieder begegnet, übertragen worden, »zugeflogen«?
- Welche Kompetenzen sind über mehrere berufliche Stationen hinweg gewachsen?

- Welche Erfahrungen habe ich immer wieder gesammelt, für welche Bereiche habe ich immer wieder Verantwortung übernommen?
- Auf welche Projekte in der Vergangenheit bin ich besonders stolz?
- Was sind Gemeinsamkeiten dieser Projekte?
- Was war mein persönlicher Beitrag zu diesen Projekten?

So werden Sie als Mensch hinter den Fakten und Stationen sichtbar. Der Mensch und das, was Sie leitet und bewegt. Der rote Faden, der sich durch Ihr Leben zieht.

BEISPIEL 1: PROFIL BURGHARD KÖNIG, MANAGEMENT CONSULTING

Coach, Sparringspartner, Konflikt-Experte

Mein Erfahrungshintergrund ist ausgesprochen unternehmerisch geprägt – von Kindesbeinen an. In meiner eigenen Laufbahn habe ich bemerkenswerte Höhen und Tiefen erlebt: Die zügige Karriere, die hart erarbeiteten Erfolge, Verhandlungen zu Interessenausgleich und Sozialplan, überraschende Krisen, schmerzhafte Erfahrungen beim Schließen und Abwickeln eines Unternehmens.

Praktische Berufserfahrung

- KarstadtQuelle AG, Vertrieb Systemkunden Quelle, Leitender Angestellter, Mitglied im Oberen Führungskreis der Quelle AG, Projektleitungen für Neuausrichtung der Außendienste QuelleShop und Systemkunden
- Großversandhaus Schöpflin GmbH, Leiter Controlling, Projektarbeit und Projektleitung in Turnaround-Situation, Krisenmanagement, Betriebsstilllegung
- Universität Erlangen-Nürnberg, Hauptberuflicher wissenschaftlicher Mitarbeiter am Institut für Wirtschaftsrecht der Wirtschafts- und Sozialwissenschaftlichen Fakultät. Arbeitsgebiete: Bürgerliches Recht und Handelsrecht, Personen- und Kapitalgesellschaftsrecht, GmbH-Gründung, Management Buy-Out
- Arbeitsaufenthalte in den USA, Spanien, Schweiz, Österreich

BEISPIEL 2: PROFIL PETRA DIETRICH

Seit zwanzig Jahren arbeite ich mit Menschen. Als Coach, als Beraterin, in der Ausbildung. Der Arbeitsstil ist in erster Linie ein menschlicher, in dem Gelassenheit gewachsen und Urteile zurückgewichen sind. Er gründet in langjähriger Berufs- und Lebenserfahrung, einer profunden Ausbildung in psychologischer Beratung und unternehmerischer Praxis.

Studium der Literatur- und Kommunikationswissenschaft, Abschluss: Magister Artium

Marketing-Wissen

- West-LB Münster, Vertriebsmarketing und Verkaufsförderung
- sieben Jahre Geschäftsführerin einer Marketingagentur, Schwerpunkt Kommunikations-Konzepte, Kongruenz von externer und interner Kommunikation

Erfahrung als Therapeutin

- vierjährige Ausbildung zur Gestalt- und Körpertherapeutin
- vierjährige Ausbildung in Supervision und Gruppenleitung
- Ausbildung zur staatl. gepr. Heilpraktikerin
- zwölf Jahre eigene Praxis für Psychotherapie und Persönlichkeitsentwicklung, Einzel-, Paar- und Gruppentherapien

Seit 1994 Persönlichkeitsentwicklung und Coaching

- zweijährige Weiterbildung in Organisationsberatung
- Supervidieren von Einzelpersonen und Teams
- Seminare und Reiseseminare zu Entwicklung und Transfer persönlicher Kompetenz in berufliches Handeln, zum Beispiel Motorradtouren durch das Elsass zur Thematik »Weg und Ziel«

Beratungskompetenz

- sechs Jahre Mitinhaberin einer Beratungssozietät. Schwerpunkte: Planen und Begleiten von Prozessen zur Entwicklung und Veränderung der Unternehmens- und Kommunikationskultur

Verantwortung als Ausbilderin

- Weiterbildungen für psycholog. Berater, Ärzte und soziale Berufe
- Weiterbildungen für Coaches und Berater
- zum Beispiel »Der dritte Weg« – Entscheidung braucht keine Alternativen
- zum Beispiel »Inhaltsfreies Arbeiten« – Lösen von Coaching-Fragestellungen
- Ausbildungsleitung im Coaching-Pool, München

Weiterbildungen

- Neben regelmäßiger Supervision Weiterbildungen u. a. in Kurzzeitberatung nach dem systemischen Ansatz, Gestalt-Techniken im beruflichen Coaching, Transaktionsanalyse, Seelenmatrix und Angststruktur, Menschenbild, Meditation
- Mitglied im Netzwerk der Coaching Pool GmbH, München
- Mitglied im ICF Deutschland
- Mitglied im Vorstand der gemeinnützigen Marthashofen-Stiftung, Grafrath

BEISPIEL 3: PROFIL DANIELA DOLLINGER, TEAM-FACTORY

- Mit langjähriger Erfahrung aus der Industrie verstehe ich die betriebswirtschaftlichen Prozesse sehr genau und kann die aktuelle Situation klar einordnen.
- Ich habe als Programm-Managerin mit vielen nationalen und internationalen Teams gearbeitet und bin daher vertraut mit typischen Problemen, den Gründen für Misserfolg, den Erfolgskriterien und den Herausforderungen bei der Umsetzung
- Durch Erfahrung mit verschiedenen Führungsstilen und Unternehmenskulturen kenne ich die Schwierigkeiten, die durch unterschiedliche Arbeitsweisen, Werte und Kommunikationsgewohnheiten entstehen können.

WIRKUNG 3: SIE SIND KOMPATIBEL

Hier geht es um den gemeinsamen Draht zwischen dem potenziellen Kunden und Ihnen, um Sympathie, Nähe und Vertrauen. »Passt dieser Trainerm/diese Trainerin zu uns?« – das ist die Frage, die sich der Leser Ihres Profils stellt.

Bieten Sie Ihren Lesern deshalb Anknüpfungspunkte, die Vertrauen erwecken und Ihr Angebot mit der Sichtweise Ihrer Kunden kompatibel machen:

■ Begrifflichkeiten, die Ihrer Zielgruppe vertraut sind

■ branchenspezifisches Know-how und Spezialisierung

■ Erwähnung von typischen Problemlagen, die Sie *und* Ihre Zielgruppe kennen

Der kompatible Trainer, Berater und Coach

Das folgende Beispiel verdeutlicht, worauf es ankommt: Ildigo Juhas, die Beraterin für Mittelstand und Familienunternehmen, wählt in ihrem Profil Begrifflichkeiten, die Mittelständlern und Familienunternehmen vertraut sind, nämlich bodenständige Formulierungen wie:

Begrifflichkeiten, die der Zielgruppe vertraut sind

- »Mittelstand und Familienunternehmen begleiten mich, seit ich geboren bin«
- »ich weiß, wo diese Unternehmen der Schuh drückt«
- »mir selbst macht es Spaß, Unternehmerin zu sein«
- »meine beruflichen Wurzeln«

Sie führt branchenspezifisches Know-how und ihre Spezialisierung an:

Branchenspezifische
Ansprache
der Zielgruppe

- »zehn Jahre Mitglied der Geschäftsleitung«
- »Führungsbereich des eigenen mittelständischen Familienunternehmens der Textilbranche mit ca. 120 Mitarbeitern«
- »Ausbildung zur innerbetrieblichen Ausbilderin der Industrie- und Handelskammer Nordschwarzwald«
- »Studienabschluss als Textilbetriebswirtin BTE, Nagold«

In einem weiteren Schritt erwähnt sie Problemlagen, die die Zielgruppe kennt:

- »Übergabe«
- »Veränderungsprozesse und Umstrukturierungen im Einzelhandel«
- »Leben und Arbeit verbunden«

DAS PROFIL IM ÜBERBLICK

Ildigo Juhasz, Die Beraterin für Mittelstand und Familienunternehmen

Als Unternehmensberaterin berate ich Mittelstand und Familienunternehmen in Zeiten der Veränderung. Durch meine langjährige Führungstätigkeit in unserem Familienunternehmen weiß ich, wo diese Unternehmen der Schuh drückt.

Selbstverständnis

Mittelstand und Familienunternehmen begleiten mich, seit ich geboren bin. Schon als Kind habe ich eine Idee bekommen, wie Wirtschaft funktioniert, wie Familien mit Familienunternehmen funktionieren. Schon früh wurde ich von der Faszination Familienunternehmen infiziert, in dem Leben und Arbeit noch verbunden sind und nicht verfeindete Mächte. Ich durfte lernen, was wirkliches Unternehmertum ausmacht. Heute macht es mir selbst Spaß, Unternehmerin zu sein. All diese gesammelten Erfahrungen gebe ich gerne weiter. Als »Spezialistin« begleite und gestalte ich ganzheitliche Übergabe- und Entwicklungs- oder Veränderungsprozesse für mittelständische Unternehmen.

Meine beruflichen Wurzeln liegen in meiner langjährigen Arbeit im Führungsbereich des eigenen mittelständischen Familienunternehmens der Textilbranche mit ca. 120 Mitarbeitern. In diesen 17 Jahren war ich in verschiedenen Funktionen tätig:

- die letzten zehn Jahre Mitglied der Geschäftsleitung
- Personalverantwortung mit Arbeitsschwerpunkt im operativen und strategischen Personalmanagement, Mitgestaltung und Begleitung maßgeblicher Veränderungsprozesse und Umstrukturierungen im Einzelhandel
- Schulungsverantwortliche für Führungskräfte, Verkaufsmitarbeiter und Trainees

Die dabei gemachten Erfahrungen prägen die Ausrichtung meiner Beratung und ermöglichen zudem fachliche Impulse und Konzepte. Der theoretische Hintergrund meiner Arbeit basiert auf meinen Aus- und Zusatzausbildungen in:

- Systemischer Organisationsentwicklung, Management-Center Vorarlberg, Dornbirn
- Ausbildung in Energie- und Atemarbeit, Dr. Almut Clausen, München
- Ausbildung zur innerbetrieblichen Ausbilderin der Industrie- und Handelskammer Nordschwarzwald
- Studienabschluss als Textilbetriebswirtin BTE, Nagold
- Einzelhandelskauffrau, Fa. Ludwig Beck, München

AUSSAGEN IN EIGENER SACHE EINBAUEN

Mit einer prägnanten Aussage in eigener Sache können Sie Ihr Profil abrunden. Die Struktur ist dabei unterschiedlich – je nach Typ und Beraterpersönlichkeit.

DAS BEISPIEL GABRIELE HENKEL

Meine Stärken:

- **Transparenz schaffen:** Ich bringe die Dinge auf den Punkt und erkenne mit klarem Blick das Profil eines Unternehmens.

- **Vertrauen herstellen:** Ich lege Wert auf eine vertrauensvolle Atmosphäre, die Menschen brauchen, um wachsen zu können.

- **tun:** Organisieren, Motivieren, Impulse geben – dabei bin ich ganz in meinem Element.

- **begeistern:** Meine Arbeitsfreude motiviert und mobilisiert ungeahnte Ressourcen! Das Feuer der Begeisterung bringt Sie ans Ziel.

DAS BEISPIEL FRANZ KNIST

Franz Knist
Berater, Trainer, Coach
Diplom-Theologe

Als Diplom-Theologe habe ich seit über 20 Jahren und sozusagen von Haus aus zu tun mit der Qualität der Kommunikation und dem Sinn von Leben und Arbeit, mit Ethik und Werten, mit der Übersetzung von Anspruch in Wirklichkeit. Als Begleiter für lernende Organisationen bin ich überzeugt von der Vorbildfunktion der Führung.

FOTO, BERUFSBEZEICHNUNG UND CO.

Weitere »Kleinigkeiten«, die darüber entscheiden, ob Ihr Profil angemessen wahrgenommen wird:

- *das Foto* ist ein Element, das den Text unterstützt. Deshalb: Bitte nur vom Profi herstellen lassen! Auch beim Foto geht es um die drei Wirkungen:
  - *Wirkt das kompetent? Belegt es Ihre Seriosität?*
  - *Wirkt das kommunikativ? Wichtig: Ihr Lächeln, Ihr offener Blick.*
  - *Passt der/die zu uns? Achten Sie auf Kleidung und Styling.*

  Das Foto wirkt dreifach

- Wählen Sie Ihre *Berufsbezeichnungen* sorgfältig aus. Machen Sie nicht schon in der ersten Zeile einen ganzen Bauchladen auf, sondern wählen Sie gezielt aus.
  - *also nicht so: Markus Mustermann, Betriebswirt, Trainer, Berater, Coach, Therapeut und Supervisor*
  - *besser so: Markus Mustermann, Betriebswirt, Kommunikationstrainer und Verkaufscoach*
  - *oder so: Burghard König, Coach, Sparringspartner, Konflikt-Experte*

- Ein Fantasietitel allein lockt die Kunden nicht an. Ein Text ist keine Zauberformel. Bedenken Sie, dass Sie Ihre Berufsbezeichnung nicht so schnell wieder loswerden. Vorsicht also mit Titeln wie »Wellness-Berater«, »Glücks-Trainer«, »Spirit-Coach«. Bevor Sie mit solchen Bezeichnungen an den Markt gehen, sollten Sie den Markt testen, Kundenreaktionen einholen und Ihre »Bezeichnung« einige Zeit wirken lassen. Denn: Ein Relaunch kostet viel Aufwand und Geld. Und wer weiß, wie lange der Begriff »Wellness« noch angesagt ist.

  Achtung bei der Berufsbezeichnung

Mit Sahnehäubchen garnieren

■ Tätigkeiten in Stiftungen, Verbänden oder Aufsichtsräten, Dozententätigkeit, wissenschaftliche Arbeiten oder Trainingspreise – das sind *Sahnehäubchen* auf Ihrem Profil, die Sie auf jeden Fall präsentieren sollten.
   – *Abschlussarbeit der Organisationsentwicklungs-ausbildung zum Thema:* »*Generationenwechsel in Familienunternehmen*«
   – *Preis für Innovation in der Erwachsenenbildung 2003*
   – *Internationaler Deutscher Trainingspreis 2003*
   – *Mitglied im Vorstand der gemeinnützigen Stiftung xy*

Kein Schnickschnack

■ Vermeiden Sie die Aufzählung von Überflüssigem, wie zum Beispiel Hobbys. Was überflüssig ist, hängt allerdings von Ihrer Spezialisierung ab. Wenn Sie als Mentorin für Lebens-kunst Menschen beraten, dann macht es durchaus Sinn zu erwähnen, dass Sie verheiratet sind und zwei erwachsene Kinder haben. Als Verkaufstrainer brauchen Sie das nicht anzugeben. Wenn Sie in Ihren Seminaren mit Meditation und Entspannungsübungen arbeiten, kann auch die Erwähnung von Ausbildungen in Yoga oder Tai Chi Sinn machen. Wenn aber diese Techniken für Ihre Arbeit nicht relevant sind, dann brauchen Sie sie nicht erwähnen – auch wenn sie für Sie persönlich noch so wertvoll sind.

Nehmen Sie sich jetzt Zeit und entwerfen Sie einen Profiltext.
Berücksichtigen Sie dabei die im fünften Kapitel angesprochenen
Aspekte.

_____

_____

_____

_____

_____

_____

_____

_____

_____

_____

_____

_____

BEISPIEL FÜR EIN GELUNGENES PROFIL:

Ernst Aumüller
Diplom-Pädagoge
Seit 1996 selbstständiger Berater und Trainer

Ich habe mich in verschiedenen therapeutischen und beraterischen Ansätzen qualifiziert, besitze praktische Feldkompetenz in der Industrie aus eigener Erfahrung und verfüge über einen ausgeprägten spirituellen Hintergrund.

Davon bin ich überzeugt: Jeder Mitarbeiter und jede Führungskraft hat zuallererst einen Wert an sich – und sorgt dann auch für einen wirtschaftlichen Nutzen. Auf Sicht ist Arbeit nur sinnvoll und motivierend, wenn sie zum nachhaltigen Gedeihen des gesamten Planeten und darüber hinaus dient.

Beruflicher Hintergrund

- Diplompädagoge: Studienschwerpunkt Gruppenpädagogik und Erwachsenenbildung, Nebenfächer Psychologie und Soziologie
  - studienbegleitende Ausbildung zum Referenten für Kommunikation und Medien
  - studienbegleitende Fortbildung in Gestalt-Therapie

- acht Jahre Führungskraft im Personal- und Bildungsbereich der DaimlerChrysler AG
  - Leitende Funktion in der Personalbetreuung
  - Leitende Funktion in der Aus-, Fort- und Weiterbildung
  - interne gruppendynamische Trainerausbildung
  - interne Ausbildung zum Organisationsberater

Fortbildungen

- Systemische Beratung (Prof. Dr. Fritz Simon)
- Hypnotherapie und NLP (Institut Synapse Stuttgart)
- Reteaming Lehrcoach (Ben Furman, Tapani Ahola, Wilhelm Geisbauer),
- Lassalle-Institut-Modell »Geist und Leadership« (Lassalle-Institut Bad Schönbrunn)

6. DIE BESCHREIBUNG DES SEMINARS, DER BERATUNG ODER DES COACHINGS

Ob als Teil der Broschüre, der eigenen Website, ob für einen Flyer, für ein Inhouse-Angebot oder das Programm eines Bildungsanbieters: Wenn Sie Seminare, Trainings oder Workshops anbieten, dann brauchen Sie aussagekräftige Beschreibungen. Vielfach müssen Sie sich dabei nach Vorgaben richten, etwa was Titel, Aufbau und Zeichenumfang betrifft.

In den meisten Fällen umfasst eine Beschreibung folgende Punkte:

Wichtige Punkte einer Beschreibung

- (Seminar)Titel
- Thema und Inhalt
- Zielgruppe
- Nutzen
- Trainer, Berater und Coach als Person
- Methode
- Anmeldung

SEMINARTITEL: MACHT NEUGIERIG UND INFORMIERT

Viele Trainer, Berater und Coachs machen es sich schwer: Unendlich lange feilen sie am Titel – und kommen doch nicht zu einem brauchbaren Ergebnis. Die Erfahrung zeigt: Die Überschrift entsteht oft recht mühelos bei der Arbeit am Text.

Definieren Sie zunächst einen »Arbeitstitel«, wählen Sie den endgültigen Titel erst am Schluss.

Farblose Titel vermeiden

Der Seminartitel sollte Neugier wecken und den Nutzen verdeutlichen. Oft sind die Titel aber zu trocken und farblos:

- *Führungskräftetraining:* Wer bietet das heutzutage nicht an?
- *Kreativitätstraining:* Das ist nicht wirklich kreativ, oder?
- *Digitalfotografie:* Worum geht es genau? Um das Knipsen, die Bildbearbeitung ...?

Griffige Titel machen neugierig

Aussagekräftige Titel hingegen machen neugierig und geben bereits erste Hinweise auf den Nutzen eines Seminars:

- Yoga unter der Alpspitze [vhs Garmisch]
- Positive Konfliktkultur in Organisationen verankern [Bruchmann & Grage]
- Fullhouse durch professionelles Direktmarketing für Hotellerie und Tagungswirtschaft [ABS Training]
- Meine Persönlichkeit als wichtigstes Führungsinstrument [Ernst Aumüller]
- Als Techniker verkaufsaktiv beraten – Wie Sie als technischer Spezialist Verkaufserfolge erzielen [VA-Akademie]

Die zweizeilige Überschrift leistet mehr

Aus der Zeitung kennen Sie die zweizeilige Überschrift, die sowohl neugierig macht als auch informiert. Mit einer pointierten, griffigen, provokanten Headline und einer erläuternden Unterüberschrift:

Es muss nicht immer Kaviar sein
Russisch kochen – leicht und lecker

Manchmal sind Titel aber auch zu vieldeutig oder wecken negative Assoziationen. Dazu ein konkretes Beispiel aus einem vhs-Programm: Ein Stimmtraining-Kurs, der ausgeschrieben war mit dem Titel »Gut eingestimmt – Atmung, Stimme, Artikulation«, für den sich jedoch kaum jemand anmeldete. Mein Feedback: Der Titel bietet zu viele Assoziationsmöglichkeiten, vor allem zu den Bereichen Musik und Singen – das passt nicht zu einem beruflichen Kurs. Der neu entwickelte Kurstitel lautete: »Stimmtraining für Vielsprecher – Atmung, Stimme, Artikulation«, der gesamte übrige Text blieb unverändert. Das Ergebnis: Im nächsten Semester lief der Kurs – mit Warteliste!

TIPP

Überschriften im Internet

Damit potenzielle Kunden Ihr Seminar im Internet finden, nutzen sie Suchmaschinen und geben dazu Suchbegriffe ein. Diese Suchbegriffe sind in der Regel eher die farblosen Begriffe, die ich oben kritisiert habe: »Trainer-Ausbildung« oder »Mediationsausbildung«. Was also tun?

Im Internet bauen Sie einen farblosen Begriff besser in den Seminartitel ein – zum Beispiel:

- Kein Stress auf dem Pausenhof: Mediationsausbildung für Lehrerinnen und Lehrer
- Präsentationstraining mit der besonderen Note: Musik in Präsentationen wirksam einsetzen

Der Vorteil einer zweizeiligen Überschrift: Die griffige Zeile können Sie für Printmedien nutzen, die sachliche Zeile für Online-Texte.

AUSSAGEKRÄFTIGE TITEL FORMULIEREN

Wie könnte ein aussagekräftiger, neuer Titel für Ihre Veranstaltung lauten? Überlegen Sie zunächst, welche Zielgruppe Sie ansprechen möchten, welchen Bedarf die Zielgruppe Ihrer Meinung nach hat und welchen Nutzen Sie ihr versprechen können.

Dann formulieren Sie einen neuen Titel:

statt »Neue Kunden gewinnen« besser:

_____

statt »Konfliktmanagement« besser:

_____

statt »Mehr Erfolg am Telefon« besser:

_____

Welche Titel haben Ihre Seminare?

bisher:

_____

_____

neue Ideen:

_____

_____

THEMA UND INHALT: DIE LESER DORT ABHOLEN, WO SIE STEHEN

Worum geht's? Kommt die Beschreibung gleich zur Sache? Mit einem präzisen Einstieg können Sie die Leser davon überzeugen, dass es sich lohnt weiterzulesen. Die Reaktion auf allgemeines Blabla ist: »Das hat mit mir nichts zu tun!« Der erste Absatz sollte lieber eine Frage stellen, ins Thema einführen und die Leser bei ihrem Bedarf abholen:

- *Also nicht so:* »Aus unserer Kommunikationsgesellschaft   **Präziser Einstieg**
  ist das Instrument ›Telefon‹ nicht mehr wegzudenken.« (Gibt
  es einen dümmeren Einstieg für ein Telefontraining? Dieser
  Satz war zuletzt etwa 1962 brauchbar.)
- *Sondern zum Beispiel so:* »Ungeduldig warten Sie auf den
  Anruf. Wie können Sie die Initiative ergreifen und selbst
  anrufen?«
- *Und nicht so:* »In einer Gesellschaft, die durch das Neben-
  einander verschiedener Lebensstile geprägt ist, sind die
  richtigen Umgangsformen nicht mehr so eindeutig definiert
  wie früher.«
- *Sondern besser:* »Umgangsformen sind wieder wichtig
  geworden: Beim Berufsstart, als Auswahlkriterium für eine
  Lehrstelle oder einen Job.«

Befragen Sie Ihre Kunden nach dem aktuellen Bedarf, den Wünschen und Problemen. Sammeln Sie insbesondere O-Ton. Was sagen die Teilnehmer am Anfang Ihres Trainings? Und welche Fragen hören Sie häufig zu Ihrem Angebot?

Gelungene Einstiege

■ »Der schon wieder«

Schwierigen Kunden mit Engagement begegnen

[Bettina Stackelberg]

»Der schon wieder! Der hat ständig was zu meckern!«

Was für ein Glück für Sie! Kunden, die mit Beschwerden und Reklamationen zu Ihnen kommen, sind noch nicht abgewandert, noch nicht abgesprungen, noch nicht verloren. Diese Chance gilt es zu nutzen. Wissen das auch Ihre Servicemitarbeiterinnen?

■ »Ich bin gemeint!«

Lebensplanung für die Generation 40+

[Elisabeth Kräuter]

Die Babyboomer – angekommen in der Lebensmitte. Mittendrin. Auf dem Höhepunkt der Produktivität. So kann es weitergehen, oder?

NUTZEN: WAS DIE TEILNAHME DEM LESER BRINGT

Was hat sich am Ende des Kurses geändert? Was nehmen die Teilnehmer mit? Was hat der Leser davon, wenn er am Seminar teilnimmt? Antworten auf diese Fragen gehören in die Beschreibung.

Legen Sie eine Nutzen-Kartei an

Damit Sie stets die passende Nutzenargumentation parat haben, legen Sie am besten eine Nutzen-Kartei an. Dazu sammeln Sie möglichst Original-Aussagen von Teilnehmern Ihrer Veranstaltungen über einen längeren Zeitraum hinweg. Sie werden sehen:

Wenn Sie Ihre Kunden fragen, liefern sie Ihnen die besten Argumente:

- Was sagen die Teilnehmer am Ende eines Seminars?
  (»Jetzt kann ich endlich ...«)
- Welches Feedback erhalten Sie häufig?
  (»Das war wertvoll, weil ... Ihre Art zu trainieren ist ...«)

Aus Kapitel 3 kennen Sie schon einige Formulierungen, mit denen Sie den Nutzen Ihrer Leistung beschreiben können. Schlagen Sie auf der Seite 42 nach, welche Formulierungen in Frage kommen.

Eine weitere wirksame Variante der Nutzen-Argumentation bietet die Wie-Form:

Nutzen: Wie bitte?

Sie erleben,

- wie Sie souverän mit xyz umgehen.
- wie Sie jederzeit xyz bewirken.
- wie Sie mit schwierigen Situationen, Teilnehmern umgehen.
- wie Sie xyz aktiv gestalten.
- wie Sie Sicherheit gewinnen durch ...
- wie Sie mit minimalem Aufwand ...

BEISPIELE FÜR NUTZENBESCHREIBUNGEN

So beschreibt ELISABETH KRÄUTER ihren Nutzen:

Was Sie von der Selbstmarketing-Klausur mitnehmen

- Klarheit über Ihr eigenes Profil
- Überblick über die Wünsche und Erwartungen Ihrer Zielgruppen
- Wissen um Ihre persönlichen Erfolgsfaktoren

- Entscheidungssicherheit für Ihre Angebots- und Preisgestaltung
- Strategien für erfolgreiches Auftreten und Verhandeln
- Motivierende Ziele und erste Umsetzungsschritte
- Problemlösungskompetenz, die im Alltag trägt

So beschreibt ERNST AUMÜLLER seinen Nutzen:

Trainingsreihe Führung

Das Ziel: Nach Neustrukturierung der Organisation neue Formen der Mitarbeiterführung implementieren. Neu ernannte Teamleiter (mittleres Management) beim Start in die die erste oder eine neue Führungsaufgabe begleiten. Im Fokus dieser ganz speziellen Trainingsreihe steht die Rolle und Aufgabe der Führungsbeziehung. Die Resultate:

- Führungskräfte bekommen die Theorie, die sie anschließend auch umsetzen können.
- Sie lernen Führungsinstrumente kennen und können bewusst damit umgehen.
- Sie arbeiten an eigenen Fallbeispielen aus der Praxis für die Praxis.
- Sie gehen mit konkreten, überprüfbaren Zielen aus dem Training in ihre Tätigkeit.

So beschreibt CORNELIA HECK ihren Nutzen:

Stimme und Präsenz
Das Seminar für stimmliche Ausdrucksstärke und Auftrittssicherheit

In Gesprächssituationen sendet Ihre Stimme hörbare Signale über Sie aus: Vertrauen, Glaubwürdigkeit, Autorität, Stärke, Sicherheit, Stabilität, Humor, Lebendigkeit. Im beruflichen Alltag wollen Sie sich stimmlich sicher und kompetent präsentieren: am Telefon, im direkten Kontakt, im Zweiergespräch oder vor einer Gruppe.

Im Seminar »Stimme und Präsenz« erleben Sie, wie Sie

- Ihre fachlichen Inhalte klar rüberbringen und sich dadurch Gehör verschaffen
- Ihre körperliche Präsenz optimieren, sich der Wirkung auf den Gesprächspartner bewusst sind und diese Wirkung gezielt einsetzen
- auch in erschwerten Gesprächssituationen sowie in lauter Umgebung die Aufmerksamkeit auf sich und Ihre Inhalte lenken
- kommunikative Fallen erkennen und trennen können zwischen inhaltlichen Botschaften und emotionaler Färbung

ZIELGRUPPE: DEN TEILNEHMERKREIS DEFINIEREN

Welche Teilnehmer sollen Ihre Seminare, Trainings, Workshops besuchen? Wer kommt zu Ihnen ins Coaching? Führungskräfte oder Mitarbeiter? Aus welcher Branche? Aus welcher Abteilung? Mit welchen spezifischen Aufgaben, mit welcher Verantwortung? Aus welcher Altersgruppe?

Unterschiedliche Zielgruppen sind für unterschiedliche Nutzenargumente offen. Das Beispiel einer Beratung zum Thema Datenschutz/Datensicherheit illustriert das. Die Nutzenargumentation für Geschäftsführer, Vorstand, Unternehmer lautet so: »Datenschutz ist in Ihrem ganz persönlichen Interesse, denn es geht um Ihr Geld. Als Geschäftsführer, Vorstand, Unternehmer haften Sie bei Verstößen gegen das Bundesdatenschutzgesetz mit Ihrem gesamten Privatvermögen, und das noch Jahre später. Durch einen externen Datenschutzbeauftragten sind Sie aus der Haftungsfalle befreit, sichern Ihr Vermögen und verschaffen sich Ranking-Vorteile (Basel II).«

Unterschiedliche Nutzenargumente

Die Nutzenargumentation für den IT-Verantwortlichen hingegen fällt so aus: »Eine sichere Organisation des Umgangs mit unternehmenskritischen Daten sorgt für reibungslose Geschäftsprozesse und Rechtssicherheit. So sind Sie persönlich aus der Schusslinie. Die vorhandenen Prozesse werden nicht verändert. Sie behalten weiterhin die Entscheidungskompetenz für den Einkauf von IT-Produkten und -Dienstleistungen.«

TIPP Bringen Sie in Ihrer Beschreibung Nutzen und Zielgruppe doch einmal konkret in Verbindung. Wie das gehen kann, demonstrieren zum Beispiel die Seminarbeschreibungen der Akademie des Buchhandels:

- »Zielgruppe: Freie Lektoren, Redakteure und Quereinsteiger, die ihre Arbeitsweise überprüfen und sich eine solide Grundlage für freie Lektoratstätigkeit erarbeiten möchten.«

- »Zielgruppe: Lektoren, Produktmanager, Redakteure, Mitarbeiter aus Marketing und Vertrieb, die sich einen Wettbewerbsvorteil durch eine professionelle Marktforschung und Marktanalyse verschaffen wollen.«

- »Zielgruppe: Freie Lektoren und Redakteure, die ihre Leistungen marktgerecht konzipieren und ihr Know-how jenseits der Verlagsbranche anbieten wollen.«

Die Zielgruppe vor der Zielgruppe

Sind Ihre Teilnehmer identisch mit den Entscheidern über – zum Beispiel – die Seminarteilnahme? Oder richtet sich der Text an eine Zielgruppe vor der Zielgruppe, die so genannte »vorgeschaltete Zielgruppe«? Eine solche vorgeschaltete Zielgruppe ist zum Beispiel der Personalentwickler, der Seminare für Nachwuchsführungskräfte bucht. Für ihn kann eine Argumentation so lauten:

»Ihr Ziel: Sie möchten einen jungen Mitarbeiter gezielt im Bereich Führungs- und Personalentwicklung qualifizieren. Darin liegt eine meiner Stärken: in der Ausbildung von Menschen ›on the job‹, in der direkten Zusammenarbeit. Deshalb konzipiere ich Führungskräftetrainings gerne in Kombination mit der Einarbeitung eines internen Trainers für diese Personalentwicklungsfunktion.

Daraus entwickle ich Team- und Bereichsentwicklungsmaßnahmen oder Coachings. Die Resultate:

- Führungskräfte bekommen die Theorie, die sie anschließend auch umsetzen können.

- Sie lernen Führungsinstrumente kennen und können bewusst damit umgehen.

- Sie arbeiten an eigenen Fallbeispielen aus der Praxis für die Praxis.

- Sie gehen mit konkreten, überprüfbaren Zielen aus dem Training in ihre Tätigkeit.«

(Ernst Aumüller)

Nehmen wir als ein weiteres Beispiel einen Verband, der für seine Mitglieder Vorträge, Kurzworkshops und Seminare anbietet. Über den Verband wollen Sie zum Beispiel die Geschäftsführer der Unternehmen erreichen. Wenn Sie dem Verband ein Seminar anbieten, müssen Sie Ihr Seminar zunächst dem Verband verkaufen. Die Nutzenargumentation für den Verband kann etwa so lauten: »Durch ein abwechslungsreiches und hochwertiges Seminarprogramm bieten Sie Ihren Mitgliedern einen attraktiven Service und erhöhen die Attraktivität des Verbandes für potenzielle Mitglieder.«

Weiteres Beispiel für Nutzenargumentation

Stellen Sie sich die folgenden Leitfragen »zur Zielgruppe vor der Zielgruppe«:

- Sind Käufer und Verwender identisch? Wer entscheidet mit?
- Wer ist der Entscheider? Wer ist »the MAN« (the Man with Authority and Need)?
- Welche Handlungskompetenz hat der MAN?
- Für welche Nutzenargumente ist der MAN offen?
- Welche vorgeschalteten Zielgruppen kann ich nutzen, um meine potenziellen Kunden zu erreichen?

Milieumarketing als Unterstützung

Ein bewährter Ansatz zur Identifikation und gezielten Ansprache von Zielgruppen ist das Milieumarketing, das sich am Modell der »sozialen Milieus« orientiert. Besonders für Bildungsträger erprobt, lohnt es sich auch für Trainer, Berater und Coachs, die Grundzüge dieses Ansatzes zu kennen.

Gastbeitrag

In einem Gastbeitrag stellt Jutta Reich den Ansatz vor. Sie ist wissenschaftliche Mitarbeiterin am Institut für Pädagogik der LMU München sowie Mitarbeiterin im Projekt »Weiterbildung und soziale Milieus in Deutschland« und dem Praxisprojekt »ImZiel« (www.ImZiel.de).

Gast-beitrag

WEITERBILDUNG UND SOZIALE MILIEUS

von Jutta Reich

Was aktuelle und vor allem potenzielle Teilnehmer von Weiterbildungsveranstaltungen im Allgemeinen sowie Dozenten, Methoden und Medieneinsatz im Besonderen erwarten, hängt maßgeblich von ihren grundlegenden Einstellungen und Wertorientierungen ab, kurz: ihrer Milieuzugehörigkeit. »Soziale Milieus« beschreiben dabei Großgruppen von Menschen, die sich hinsichtlich ihrer Einstellungen zu zentralen Lebensbereichen (zum Beispiel Arbeit, Partnerschaft, Konsum, Alltagsästhetik) sowie hinsichtlich ihres Lebensstils stark ähneln (www.sinus-sociovision.de).

Anders als »herkömmliche« Zielgruppendefinitionen (wie zum Beispiel Berufs- und »Nutzergruppen«) stellen solche Einstellungs- und Lebensstilgruppierungen deutlich mehr Informationen und bessere Entscheidungshilfen bei der Angebotsplanung und -beschreibung bereit. Bis vor Kurzem wurden Milieutypologien, die derzeit zehn soziale Milieus umfassen, hauptsächlich in der Politik-, der Medien- sowie der Konsumforschung eingesetzt. Zunehmend wird der Milieuansatz auch in der Sozialwissenschaft und der Bildungsforschung beachtet. Die zehn sozialen Milieus im Überblick:

Zehn soziale Milieus

- Etablierte
- Postmaterielle
- Moderne Performer
- Konservative
- Traditionsverwurzelte
- DDR-Nostalgische
- Bürgerliche Mitte
- Konsum-Materialisten
- Experimentalisten
- Hedonisten

Interessant für Bildungsplaner, Trainer und Coachs: Nicht nur im Hinblick auf Parteipräferenzen und Mediennutzung, sondern auch in Bezug auf die Nutzung von und die Ansprüche an Weiterbildungsveranstaltungen existieren seit Kurzem detaillierte und trennscharfe »Milieuprofile«. Diese stellen wertvolle Planungshilfen für die Praxis der Angebotsplanung, -entwicklung und -durchführung bereit. Die zehn sozialen Milieus unterschei-

Milieuprofile als Planungshilfen

den sich gravierend zum Beispiel in folgenden Aspekten, die allesamt für die Planung und Durchführung von Weiterbildungsveranstaltungen wichtig sind:

- Weiterbildungsinteressen und Teilnahmemotivation
- Ansprüche an Reputation, Qualifikation und Kompetenzen des Dozenten/Trainers
- bevorzugte Lernstrategien und Lernmethoden
- spezifische Lern- und Bildungsbarrieren
- Nutzen- und Verwertungsinteressen
- Ansprüche an die »Bewerbung« von Bildungsangeboten

Je konkreter sich Konzept, Beschreibung und Durchführung sowie die gewählten Rahmenbedingungen an den milieuspezifischen Ansprüchen und Bedürfnissen orientieren, desto eher wird die anvisierte Zielgruppe tatsächlich erreicht werden können und mit der Veranstaltung zufrieden sein.

Exemplarische Checkliste für zwei Milieus Dies konnte zum Beispiel im Rahmen des Projektes »ImZiel« aufgezeigt werden, in dem exemplarisch milieuspezifische Angebote entworfen, überprüft und auf ihre Zielgruppenpassung hin überprüft wurden. Eine solch punktgenaue Ausrichtung und Ansprache kann zwar – entsprechend den verschwimmenden Grenzen zwischen Milieus – durchaus auch benachbarte Milieus ansprechen; Zielgruppen, die im sozialen Raum weiter voneinander entfernt sind, schließen sich allerdings weitgehend gegenseitig aus. So wird es zum Beispiel kaum möglich sein, einen Kurs zu konzipieren, der Hedonisten und Konservative gleichzeitig anspricht und zufrieden stellt. Die folgende, exemplarisch für zwei Milieus dargestellte Checkliste für Planer und Dozenten fasst die wichtigsten weiterbildungsbezogenen Merkmale zusammen, aus denen sich konkrete Handlungsempfehlungen ableiten lassen:

MODERNE PERFORMER	TRADITIONSVERWURZELTE
Hinweise für die Kursplanung	
■ hohe Leistungsbereitschaft und -fähigkeit ■ Selbstverständnis als Avantgarde: entsprechende Themenpräferenzen ■ kaum Trennung von Beruf und Freizeit ■ starke Bereitschaft zum informellen Lernen ■ Exklusivität der Teilnehmergruppe	■ Praxisbezug, Bodenständigkeit, Umsetzbarkeit und Lebensweltnähe ■ Ausrichtung an milieutypischen Interessen und Hobbys ■ geringer Berufsbezug ■ Verdeutlichung des Verwertungs-bezugs bereits in der Ankündigung ■ VHS-Kurse als »Prototyp« von Weiterbildungsveranstaltungen
Hinweise für die didaktische Gestaltung	
■ berufliche Weiterbildung: Bevor-zugung von Frontalvorträgen ■ allgemeine Weiterbildung: Wert-schätzung von interaktiven, abwechs-lungsreichen und spielerischen Aneignungsformen ■ vielfältiger Medieneinsatz ■ kleine, homogene Teilnehmerschaft ■ hohe Lernzielorientierung	■ dem Alter und Bildungsniveau angepasste Kursinhalte und Lern-geschwindigkeit ■ Geselligkeit, Gruppenzusammenhalt, Kontaktknüpfen ■ individuelle, geduldige Betreuung durch den Dozenten ■ Präferenz von Gruppenarbeit und Möglichkeit der gegenseitigen Unterstützung
Hinweise zum zeitlichen Rahmen	
■ Wunsch nach Zeitsouveränität und Flexibilität ■ Präferenz von Block- und Intensiv-seminaren zur effizienten Wissens-vermittlung ■ themenspezifische Bereitschaft zur Regelmäßigkeit (zum Beispiel bei Sprachkursen)	■ Präferenz der Nachmittagsstunden ■ »Wohldosierung«: einmal wöchent-lich stattfindende Kurse

Hinweise zum Tagungsort

- Wunsch nach extravagantem, ausgefallenem Ambiente
- bei mehrtägigen Seminaren breites, individuell nutzbares Freizeitangebot
- Raum für Kommunikation und informellen Austausch in der Gruppe
- bei ansprechendem Angebot spielt die Entfernung keine Rolle

- Sauberkeit und Ordnung
- Übersichtlicher, privater und gemütlicher Rahmen der Kurse
- Wahrung von Minimalstandards
- oft geringe Mobilität (leichte Erreichbarkeit)

Hinweise zu Preisgestaltung / Gebühren

- Preis kein relevantes Entscheidungskriterium
- Bereitschaft, bei stimmigem Angebot höchste Gebühren zu begleichen

- dem schmalen Budget angepasste Preise
- eventuell Rabattierungen und Preisdifferenzierungen andenken

Hinweise für Werbung und Ansprache

- Wunsch nach exklusiver, individueller und professioneller Ansprache
- Akzeptanz von Anglizismen und Begriffen aus dem modernen Marketing
- sicherer und selbstbewusster Kommunikationsstil

- Ablehnung von aufsuchender Werbung wie Postwurfsendungen
- hohe Wertschätzung des übersichtlichen und detaillierten VHS-Kataloges
- bodenständige, unprätentiöse und einfache Sprache
- Vermeiden von Fachbegriffen und Anglizismen

Versuchen Sie als Trainer, Berater oder Coach festzustellen, aus welchem Milieu Ihre Kunden und Teilnehmer stammen. Dann können Sie die Teilnehmerorientierung Ihrer Beschreibung und Ihrer Veranstaltung erhöhen.

DER TRAINER, BERATER UND COACH
UND SEINE METHODE

Verwenden Sie in jeder Beschreibung die Berufsbezeichnung, die Sie auch sonst wählen. Wenn Sie sich zum Beispiel »Entwicklungscoach« nennen, dann bestehen Sie auch gegenüber Institutionen darauf, dass Sie dort im Seminarverzeichnis so erscheinen und nicht nur als »Seminarleiter und Coach« – zumindest aber als »Seminarleiter und Entwicklungscoach«.

Die Person vorstellen

Versuchen Sie, Ihren Lesern ein möglichst anschauliches Bild von sich zu vermitteln. Gehen Sie auf die Methoden ein, die Sie in Ihren Seminaren, Trainings oder Coachings anwenden.

»Lehrgespräch, Input, Gruppenarbeit, Rollenspiel«: Wenn Methoden so trocken und fantasielos aufgelistet werden, macht das wenig Lust auf die Teilnahme. Bereits durch die richtige Wortwahl können Sie Ihre Leser neugierig auf die Teilnahme machen und zeigen, wie es in Ihrem Seminar zugeht – zum Beispiel so:

Methode mit den richtigen Worten vorstellen

- abwechslungsreicher Input
- Best-Practice Austausch
- Kostproben aus der »Trainer-Küche«, der »Berater-Küche«, der »Coach-Küche«
- Profi-Werkzeuge
- verlässliche Techniken
- raffinierte Tricks
- Wissenswerkstatt
- faszinierende Demos
- leckere Wissens-Häppchen
- intensive Arbeit an Fallbeispielen

Für »belastete« Begriffe können Sie Synonyme überprüfen.
»Rollenspiel« ist so ein Begriff. »Alles, bloß keine Rollenspiele« – so stöhnen viele Teilnehmer im Vorfeld, zögern und melden sich im schlimmsten Fall gar nicht erst an. Im Seminar selbst, wenn Sie die Einheit gut vorbereiten und einleiten, sind Rollenspiele kein Problem. Taufen Sie Ihre Einheit »Rollenspiel« doch um! Wie wäre es stattdessen mit einem anderen Begriff:

- konkrete Tests und Übungen
- Testläufe: »In verschiedenen Testläufen erproben wir …«
- Prüfstand: »Sie stellen Überlegungen auf den Prüfstand.«
- Mini-Projekt
- Fallwerkstatt
- Wettbewerbssituation
- Strategie-Übung: »In einer Strategie-Übung prüfen Sie verschiedene Alternativen.«
- Simulation: »In einer kontrollierten Trainingssituation simulieren Sie den Ernstfall.«
- Szenario

DIE ANMELDUNG: EINFACH UND SCHNÖRKELLOS

Wenn Sie Ihr Anmeldeformular selbst gestalten, machen Sie es Ihren Lesern einfach und aktivieren Sie die Anmeldung durch logische Benutzerführung.

Ja, ich nehme teil am Seminar

Service ohne Helfersyndrom: Spaß an der Dienstleistung

☐ vom 14. bis 16. Juli 201X zum Preis von ...

☐ vom 28. bis 30. September 201X zum Preis von ...

Wenn noch Plätze frei sind, erhalte ich eine Anmeldebestätigung mit Rechnung, Anfahrtsbeschreibung und Hotelvorschlägen. Die Seminargebühr zahle ich nach Rechnungserhalt, vor dem Trainingstermin.

Stornoregelung: Wenn ich eine bestätigte Seminarteilnahme storniere, zahle ich eine Bearbeitungsgebühr von XXX.– €. Bei Stornierung der Anmeldung zwischen 30 und 21 Tagen vor dem Veranstaltungstermin fallen Stornokosten in Höhe von XXX.– € an. Danach ist die gesamte Seminargebühr fällig, es sei denn, ich benenne einen Ersatzteilnehmer.

Nein, ich kann leider nicht kommen

☐ ich bin aber an Ihrem Programm interessiert,

insbesondere an den Themen:

☐ xxxxx

☐ yyyyy

☐ zzzzz

WIR ODER SIE? DIE LESER KORREKT ANSPRECHEN

Und wie sprechen Sie Ihre Leser an? In welchem Stil verfassen Sie Ihre Seminarbeschreibung? Drei Varianten stehen zur Auswahl:

Eine Stilfrage

- Wir-Stil
- Sie-Stil
- Erzähl-Stil

Wir-Stil betont das Gruppenerlebnis

Wir-Stil betont das Gruppenerleben. Deshalb sollten Sie diesen Stil in Seminaren und Workshops einsetzen, in denen Gemeinsamkeit, Diskussion und Gruppenerlebnis im Vordergrund stehen, also die gemeinsame Leistung, die gemeinsam verbrachte Zeit, der Austausch untereinander. Wir-Stil ist auch sinnvoll, wenn Sie erlebnisorientierte Kurse für Kinder anbieten – mit der vorgeschalteten Zielgruppe »Eltern«.

Beispiele aus Veranstaltungsbeschreibungen

- »Am Ende der Stunde lassen wir unser Training mit Entspannungsübungen ausklingen.«
- »Gemeinsam modellieren wir lustige Figuren aus Ton.«
- »In Bewegungseinheiten, Übungen zum Körperbewusstsein und in Meditationen bauen wir Spannungen ab und werden mental und körperlich präsent.«
- »In einer Gruppe von Menschen, die das Midlife-Alter verbindet, ziehen wir Zwischenbilanz, nehmen uns Zeit zum Nach- und Weiterdenken und entwickeln neue Perspektiven und Strategien.«

Sie-Stil wirkt aktivierend

»So gewinnen Sie mehr Zeit!« Oder: »So gewinnt man mehr Zeit.« Oder: »So lässt sich mehr Zeit gewinnen.« Was ist aktivierender? Keine Frage: Wenn es um Aktivierung und Nutzen geht, wenn die berufliche Verwertbarkeit des Seminars im Vordergrund steht, dann ist der Sie-Stil die erste Wahl. Fragen wirken im Sie-Stil besonders aktivierend.

- »Wie stellen Sie sicher, dass Sie die Ihnen unterstellten Führungskräfte optimal coachen?«

Beispiele aus Veranstaltungs-beschreibungen

- »Ihre Gesprächs- und Mitarbeiterführung wird sicherer. Sie steigern Ihre persönliche Leistung und die Leistung Ihrer Mitarbeiter.«
- »Sie kommunizieren ergebnisorientierter: Davon profitieren internes wie externes Beziehungs-management.«
- »Sie wissen, wie Sie Ihr Verhalten situationsgerecht anpassen können. Dadurch gewinnen Sie Sicherheit, treten anders auf und verkaufen mit mehr Zielstrebigkeit und Energie.«
- »Sie sind im Bilde über Ihre Persönlichkeit und Ihr Potenzial. Sie setzen Entscheidungen klar durch, weil Sie Ihre Ziele besser kennen.«

Setzen Sie den Erzähl-Stil immer wieder »zwischendurch« ein, also zwischen Sätzen, die Sie im Wir-Stil bzw. im Sie-Stil formulieren: Etwa dann, wenn Sie merken, dass gehäufter Wir-Stil zu kuschelig wird: »Wir trainieren, wir erleben, gemeinsam erfahren wir.« Oder wenn Sie merken, dass gehäufter Sie-Stil den Leser unter Druck setzt: »Sie erfahren, Sie machen, Sie können, Sie gewinnen.«

Erzähl-Stil versachlicht

Erzähl-Stil ist auch angebracht bei heiklen Themen oder wenn die direkte Ansprache die Gefahr birgt, wie ein erhobener Zeigefinger, wie ein Vorwurf zu wirken (»Sie als Führungskraft sollten das aber können!«).

Bei heiklen Themen einsetzen

Wenn Sie Kurse für Kinder anbieten, ist der Erzähl-Stil ebenfalls wichtig. Die Zielgruppe Kinder erreichen Sie über die vorgeschaltete Zielgruppe Eltern. Insbesondere wenn es den Eltern darum geht, dass die Kinder »etwas lernen«, ist der Erzähl-Stil geeigneter als der Wir-Stil:

- »Die kleinen Tänzerinnen und Tänzer schulen hierbei
  verstärkt ihre Konzentrationsfähigkeit und ihr Gefühl für
  den eigenen Körper.«
- »Kinder erfahren, dass die Fähigkeit zur Konzentration
  einen intensiveren Einstieg in unterschiedliche Themen und
  Situationen ermöglicht.«
- »Nur wer den eigenen aktuellen Standort im Rahmen einer
  Führungsaufgabe kennt, kann davon ausgehend Ziele für
  das eigene Führungsverhalten definieren.«
- »Führungskräfte haben häufig keine unbefangenen, un-
  beteiligten und ›ungefährlichen‹ Gesprächspartner mehr –
  schon gar nicht im eigenen Unternehmen.«
- »Erfolgreiche Unternehmensentwicklung beginnt bei der
  Kompetenzentwicklung jedes einzelnen Mitarbeiters. Nur
  Führungskräfte, die in der Lage sind, Perspektive, Sinn
  und Zielorientierung zu vermitteln, können Mitarbeiter zu
  herausragenden Leistungen aktivieren.«
- »Typische Situationen:
  - *bei einzelnen Beteiligten soll noch Problembewusstsein
    geweckt werden*
  - *zwischenmenschliche Konflikte im Team dominieren,
    insbesondere wenn der Teamleiter selbst davon betroffen
    ist*
  - *frühere Entwicklungsprozesse sind verbunden mit negati-
    ven Erfahrungen oder brachten keine Verbesserungen«*

DER FEEDBACKBOGEN: INPUT FÜR IHRE QUALITÄTSENTWICKLUNG

Sie heißen »Veranstaltungsbewertung« oder »Feedbackbogen«,
manchmal ganz modern und kundenorientiert auch »Ihre Meinung ist uns wichtig«. Frage- oder Evaluierungsbogen am Ende
eines Seminars sind heute Standard. Standard sind leider auch

die Fragen. Fragen mit zweifelhaftem Nutzen, Fragen, die immer wieder gleich lauten und die immer wieder Antworten abfragen, mit denen niemand etwas anfangen kann:

Wie hat Ihnen der Referent gefallen?

■ ausgezeichnet – sehr gut – gut – befriedigend – schlecht

Was erfahren Sie durch diese Frage? Im Grunde nichts. Denn »der Referent hat mir gut gefallen« – was meint das? Waren Sie gut frisiert und stilvoll gekleidet? Will der Teilnehmer Sie privat kennen lernen?

Mit dem Thema war ich zufrieden

■ ja – überwiegend – weniger – nein

Was hilft Ihnen eine Antwort auf diese Frage – egal, ob »positiv« oder »negativ«? War das Thema des Seminars das Lieblingsthema des Teilnehmers? Oder hasst er zum Beispiel Kommunikationstrainings ganz einfach?

Entsprach das Seminar Ihren Erwartungen?

■ ausgezeichnet – sehr gut – gut – befriedigend – schlecht

Im Klartext: Wenn meine Erwartungen als Teilnehmer niedrig waren und ich im Seminar feststelle, dass das Seminar tatsächlich nichts taugt, muss ich also »ausgezeichnet« ankreuzen – denn das Seminar entsprach meinen Erwartungen.

> **Nur aus aussagekräftigem Feedback gewinnen Sie die nötigen Informationen für die Qualitätsentwicklung und Ihre eigene Weiterentwicklung.**

Wie das geht? Dazu nun einige praktische Tipps von Wolfgang Böhm in einem weiteren Gastbeitrag. Wolfgang Böhm ist Experte für Qualitätsentwicklung, www.tqmi-consult.de.

Gast-beitrag

FRAGEBOGEN: FEEDBACK-LIEFERANT UND MARKETING-INSTRUMENT

Wie Sie einen Feedbackbogen für Ihre Trainings-, Beratungs- oder Coaching-Leistung entwickeln

von Wolfgang Böhm

Einsatzbereiche Sie können die Teilnehmer-Befragung sowohl als Feedback zu Ihrer geleisteten Arbeit einsetzen wie als Marketing-Instrument. Im letzteren Fall kann sie der Bedarfsermittlung oder als Impulsgeber für neue Ideen dienen. Wenn es Ihnen um ein Feedback zur erbrachten Leistung geht, ist es wichtig, dass sich die Bewertung auf konkrete Ziele und Qualitätsmerkmale beziehen lässt.

Schritte auf dem Weg zum Fragebogen
- Klären Sie zunächst, was Sie erreichen wollen, was bei Ihren Teilnehmern und Kunden ankommen soll.
- Klären Sie nach Möglichkeit die Motive und Erwartungen Ihrer Teilnehmer und Kunden bereits im Vorfeld ab. Nur dann können Sie eine konkrete Rückmeldung zur Erfüllung der Ziele erhalten.
- Überlegen Sie, was geeignete und sinnvolle Kriterien sind, an denen die Qualität Ihrer Arbeit gemessen werden kann.
- Prüfen Sie, woran die Befragten die Erfüllung dieser Kriterien erkennen können.

- Legen Sie für die Befragung eine Struktur fest, die für die Befragten nachvollziehbar ist und die Ihnen eine Differenzierung der Rückmeldungen zu bestimmten Bereichen ermöglicht – zum Beispiel zu Organisation, Inhalt, Atmosphäre. Diese Struktur kann sich an der Logik der Inhalte oder am chronologischen Verlauf orientieren.
- Jetzt formulieren Sie Ihre Items (Fragen) – und zwar immer aus der Sicht des Befragten. Stellen Sie keine Fragen, die nicht in der Wahrnehmungssphäre des Befragten liegen, also keine theoretischen Fragen. Fragen Sie direkt und konkret.
- Die Fragen sollen einfach und klar formuliert sein. Achten Sie darauf, dass Sie nicht mehrere Inhalte, die möglicherweise unterschiedlich bewertet werden könnten, in eine Frage stecken. Machen Sie lieber zwei Fragen daraus.
- Fragen Sie nichts, was Sie schon wissen, und stellen Sie keine Fragen zu Fakten, die sich nicht ändern lassen, zum Beispiel zur Parkplatzsituation.

Es sollte Ihnen bei jeder Frage klar sein, was Sie aus einer möglichen Antwort an konkretem Verhalten oder an konkreter Veränderung ableiten können. Wenn keine Konsequenzen folgen, ist es sinnlos, die Frage zu stellen.

Geschlossene Fragen erfordern eine klare Stellungnahme, also ein »Ja« oder »Nein« oder eine konkrete Bewertung auf einer Skala. Der Vorteil: Geschlossene Fragen lassen sich anschließend problemlos statistisch auswerten.

Offene Fragen dagegen erlauben den Befragten frei formulierte Antworten. Offene Fragen liefern zusätzliche Hintergrundinformationen, Anregungen, Ideen – sie erschweren aber die statistische Auswertung. Deshalb empfiehlt es sich, überwiegend mit

Stellen Sie Fragen

Statistische Auswertung wichtig

geschlossenen Fragen zu arbeiten. Einige offene Fragen zusätzlich lockern den Fragebogen auf und motivieren die Befragten, aus sich herauszugehen. Die Mischung macht's.

Rating-Fragen Wenn Sie eine standardisierte Bewertung bevorzugen, wählen Sie Rating-Fragen mit einer skalierten Antwortmöglichkeit: »sehr gut – gut – befriedigend – ausreichend …« oder mit Plus und Minus.

	+ + +	+ +	+	–	– –	– – –
Die Ziele der Beratungen bzw. Workshops wurden im Vorfeld eindeutig geklärt.	☐	☐	☐	☐	☐	☐
Das Vorgehen des Beraters war für mich transparent und nachvollziehbar (roter Faden).	☐	☐	☐	☐	☐	☐
Die theoretischen Inputs habe ich als fachlich kompetent erlebt.	☐	☐	☐	☐	☐	☐

Reporting-Fragen Wenn Sie eine konkrete Situation oder eine konkrete Erwartungshaltung beleuchten wollen, wählen Sie Reporting-Fragen. Bei Reporting-Fragen wird eine konkrete Situation in Erinnerung gebracht, zu der die Befragten die für sie zutreffende Interpretation oder Bewertung auswählen können.

Wenn ich Fragen an den Trainer hatte ...

... wich er meinen Fragen aus

... stellte er kritische Fragen zurück

... bemühte er sich, meine Fragen zu behandeln

... antwortete er sachlich und fachlich kompetent

... wirkte er eher irritiert

Woran eigentlich messen Ihre Kunden die Qualität Ihrer Arbeit? Dazu nun einige Bereiche und Kriterien, die Sie aus Ihrer eigenen Erfahrung vervollständigen können. Die Kriterien liefern Ihnen wichtige Hinweise auf die Fragen, die Sie in Ihrem Fragebogen stellen sollten.

Qualitätskriterien Ihrer Arbeit

- zeitlicher Vorlauf der Beschreibung ausreichend
- Beschreibungsunterlagen aussagefähig
- Wegebeschreibung zum Seminar-Ort verständlich
- Verhalten bei Fragen zur Organisation serviceorientiert
- Verhalten der Tagungsleitung/des Teams vor Ort unterstützend

Bereich »Beschreibung und Organisation«

- Inhalt entsprach Beschreibung
- Ziele und Erwartungen der Teilnehmer wurden geklärt
- Struktur war erkennbar und transparent
- Roter Faden wurde gehalten
- Timing war in Ordnung (Pausen, Tagesablauf)

Bereich »Zielklarheit und roter Faden«

- Die wichtigen Themen wurden ausreichend behandelt
- Die inhaltliche Struktur war ausgewogen
- Welche Inhalte waren für Sie besonders wichtig/interessant/hilfreich?
- Welche Themen haben Sie vermisst?

Bereich »Inhaltliche Schwerpunkte«

Bereich »Praxis-
relevanz und
Transfer«

- Die behandelten Beispiele und Lösungen entsprechen der Praxis
- Die erlernten Methoden lassen sich in die Praxis integrieren

Bereich
»Trainerverhalten«

- Der Wechsel zwischen Input, Gruppenarbeit, Plenum war in Balance
- Der Einsatz von Medien entsprach dem Thema, dem Stil des Trainers
- Der Trainer ging auf Fragen und Wünsche ein

Notieren Sie die Bereiche und Kriterien, die für Ihre Dienstleistung relevant sind.

_____

_____

_____

_____

_____

_____

_____

BEISPIEL FÜR EINEN FRAGEBOGEN: KUNDENBEFRAGUNG ZUM ENDE DES 1. BERATUNGSJAHRES

Form der Begleitung

☐ TQM-Prozess-Steuerung   ☐ Führungsworkshops

☐ Einzelcoaching   ☐ Konfliktbearbeitung

☐ ....

		+ + +	+ +	+	–	– –	– – –
1.	Die Ziele der Beratungen bzw. Workshops wurden im Vorfeld eindeutig geklärt.	☐	☐	☐	☐	☐	☐
2.	Die vereinbarten Ziele der Beratungen bzw. Workshops wurden von dem Berater konsequent verfolgt.	☐	☐	☐	☐	☐	☐
3.	Das Vorgehen des Beraters war für mich transparent und nachvollziehbar (roter Faden).	☐	☐	☐	☐	☐	☐
4.	Mit dem Maß konstruktiver Kritik und Feedbacks bin ich zufrieden.	☐	☐	☐	☐	☐	☐
5.	Theoretische Inhalte wurden verständlich vermittelt.	☐	☐	☐	☐	☐	☐
6.	Die theoretischen Inputs habe ich als fachlich kompetent erlebt.	☐	☐	☐	☐	☐	☐

		+++	++	+	–	– –	– – –
7.	Dem Berater gelang es, in Gremien eine gute Arbeits-atmosphäre zu schaffen.	❏	❏	❏	❏	❏	❏
8.	Auf die Gruppendynamik wurde – soweit im Rahmen der Veranstaltung ver-tretbar – bestmöglich ein-gegangen.	❏	❏	❏	❏	❏	❏
9.	Mit dem Erreichungsgrad der gesetzten und verein-barten Arbeitsziele für das Jahr … bin ich zufrieden.	❏	❏	❏	❏	❏	❏
10.	Mit der Verbindlichkeit des Beraters in Bezug auf das Treffen von Absprachen bin ich zufrieden.	❏	❏	❏	❏	❏	❏
11.	Mit der Qualität der Protokolle bin ich zufrie-den.	❏	❏	❏	❏	❏	❏
12.	Auf unsere Wünsche und Erwartungen als Kunden wurde bestmöglich einge-gangen	❏	❏	❏	❏	❏	❏
13.	Mit der Reaktionszeit auf E-Mails und Nachrichten bin ich zufrieden.	❏	❏	❏	❏	❏	❏
14.	Mit der Kommunikation, d. h. Rücksprachen vor und nach der Veranstaltung, bin ich zufrieden.	❏	❏	❏	❏	❏	❏

		+ + +	+ +	+	–	– –	– – –
15.	Das Preis-Leistungs-Verhältnis stimmt.	❏	❏	❏	❏	❏	❏
16.	Weitere Kriterium für Zufriedenheit/ Unzufriedenheit:						
	....	❏	❏	❏	❏	❏	❏
	....	❏	❏	❏	❏	❏	❏
	....	❏	❏	❏	❏	❏	❏

Wo sehen Sie **Verbesserungspotenziale** in Bezug auf unsere Dienstleistungen für Sie? Was wünschen Sie sich mehr, was wünschen Sie sich weniger?

Was bewerten Sie im Jahr … als Stärke unserer Dienstleistung?

Sonstige Bemerkungen

Dieser Bogen wurde ausgefüllt von (freiwillige Angabe):

....

Herzlichen Dank für Ihre Mühe!

Wolfgang Böhm & Franz Knist

7. DIE BROSCHÜRE: MACHT DAS ANGEBOT FASSBAR

Broschüre? Brauchen Trainer, Berater und Coachs im Zeitalter des Internet noch Broschüren? Reicht es denn nicht aus, wenn die potenziellen Kunden sich alles auf der Website ansehen und die wichtigsten Informationen als PDF herunterladen können?

Erlebbar und konkret Nicht unbedingt: Auch das papierlose Büro bleibt eine Illusion, der Brief lebt trotz E-Mail weiter. Die Broschüre ist etwas Greifbares, Ihr Angebot und Sie werden erlebbar und konkret. Im Netz ist das so nicht möglich:

- Das Internet spricht nur einen Teil unserer Sinne an, vor allem den visuellen. Der kinästethische Sinn wird nicht angesprochen. Jedoch wird vieles für uns erst dann fassbar, wenn wir es tatsächlich anfassen können.
- Das Internet ist flüchtig: Mit einem Klick ist alles weg. Die Broschüre kann archiviert werden.
- Mit dem PDF-Download geben Sie die Kontrolle über Ihre Akquise aus der Hand: Der Kunde muss arbeiten (ausdrucken). Aber: Will er und tut er das auch?

Deshalb: Auch im Zeitalter des Internet brauchen Trainer, Berater und Coachs oftmals Broschüren. In welcher Form allerdings – ob als Flyer, als 16-Seiter oder als Präsentationsmappe –, hängt von den Umständen ab.

> **Wenn Sie sich gegen eine Broschüre und »nur« für einen Internetauftritt entscheiden, dann sollten dieser Entscheidung eine gründliche Marktforschung und Interviews mit Ihren Kunden vorangehen.**

Erst wenn Sie sicher sind, dass Ihre Kunden tatsächlich so unabhängig von Papier sind, wie Sie glauben, können Sie einen Nur-Internet-Auftritt wagen.

ENTSCHEIDEN SIE SICH FÜR EINE BROSCHÜRENFORM

An welchem Punkt Ihrer Trainer-, Berater- oder Coach-Karriere stehen Sie? Entsprechend gibt es verschiedene Varianten für ein gedrucktes Angebot. Typ 1: Sie sind relativ neu am Markt und machen sich gerade selbstständig. Dann kann eine flexible Mappe, kombiniert mit einem Flyer für ein konkretes Veranstaltungsangebot (Seminar, Beratung, Coaching), das Richtige für Sie sein.

Neu am Markt

Typ 2: Sie haben einige Veranstaltungen im Angebot – etwa Seminare, die Sie als offene Seminare oder für spezielle Branchen anbieten: Dann sind angebotsspezifische Flyer das Richtige für Sie – eventuell in Kombination mit einem Jahresprogramm oder einer Broschüre.

Länger am Markt

Und schließlich Typ 3: Sie sind bereits länger als drei Jahre im Geschäft und haben diese Zeit über mit flexiblen Mappen oder Flyern gearbeitet. Eine Broschüre kann Ihnen an diesem Punkt helfen, Ihre Positionierung zu festigen.

Etabliert am Markt

Bevor Sie sich entscheiden, sollten Sie einige weitere Fragen beantworten.

FRAGEN ZU IHRER BROSCHÜRE

Wo soll die Broschüre ausliegen? Wie wird sie verschickt oder verteilt? Wann wird sie eingesetzt?

_____

Die Zielgruppe: Wer sind Ihre Lieblingskunden?

_____

Die Zielgruppe: Ihr MAN (Man with Authority and Need): Wer ist Ihr Ansprechpartner im Unternehmen? In welcher Branche, mit welcher Funktion etc.?

_____

Der aktuelle Bedarf, die Wünsche und Probleme: Welche Probleme und Wünsche nennen die Kunden, wenn sie zu Ihnen kommen?

_____

Das langfristige, konstante Grundbedürfnis der Zielgruppe: Welche dahinterliegenden Grundbedürfnisse Ihrer Kunden können Sie identifizieren?

_____

Das Image: Was soll man zukünftig über Sie/Ihre Dienstleistung denken?

_____

Kundennutzen: Was hat der Kunde davon, wenn er Ihre Dienstleistung kauft?

_____

Differenzierung: Wofür sind Sie besonders kompetent? Was stellt
Ihr Angebot einzigartig heraus?

_____

Ihre Werte, Ihre Philosophie: Was ist Ihre besondere Botschaft?

_____

Positionierung: Beschreiben Sie den Platz, den Ihr Angebot im
Kopf des Kunden haben soll, in einem Satz:

_____

Zusatznutzen: Welche Eigenschaften des Angebots/des Unter-
nehmens/der Person helfen bei der Positionierung?

_____

Ihre Strategie am Markt: An wem orientieren Sie sich mittelfristig
und langfristig? (schneller als, billiger als, besser als, freundlicher
als …)

_____

Ihr langfristiges Unternehmensziel: Was wollen Sie in drei Jahren
erreichen?

_____

Und umgekehrt: Welche Assoziation wollen Sie vermeiden?

_____

Mit welchen Mitbewerbern/Branchen wollen Sie keinesfalls
verwechselt werden?

_____

Was bekommt der Kunde nicht, wenn er Ihre Dienstleistung
in Anspruch nimmt?

_____

AKQUISE- UND MARKTFORSCHUNGS-
INSTRUMENT IN EINEM: DIE FLEXIBLE MAPPE

Veränderung erfordert flexible Haltung

Die Erfahrung zeigt: Die erste Version der Geschäftsausstattung hält meist nur kurze Zeit, manchmal nur wenige Monate. Profil, Angebot, Zielgruppe – gerade in der Startphase verändert sich ständig etwas. Eine Hochglanzbroschüre, tausendfach gedruckt, lässt sich nicht mehr verändern und kann schon nach einem halben Jahr ganz schön alt aussehen. Immer wieder gilt es, den eigenen Auftritt zu justieren, das eigene Profil anzupassen, neue Worte zu finden. Bevor Sie sich für eine Broschüre entscheiden, sollten Sie die folgenden drei Fragen mit »Ja« beantworten können:

Broschüre: Ja oder Nein?

- Stimmt mein Profil für die nächsten drei Jahre?
- Steht mein Angebot für die nächsten drei Jahre fest?
- Ist meine Zielgruppe für die nächsten drei Jahre klar definiert?

Andernfalls wählen Sie zunächst besser eine flexible Präsentationsmappe, bestückt mit zielgruppenspezifischen Einlegeseiten. Dafür sind Zweitseiten Ihres Briefpapiers ideal. Mit einer flexiblen Mappe können Sie jedes Angebot bei Bedarf individuell gestalten. Und: So können Kundenwünsche und neue Erkenntnisse direkt in die nächsten Angebotstexte einfließen.

Die flexible Mappe ist eine ideale Kombination aus Akquise- und Marktforschungsinstrument: Jedes Gespräch mit den potenziellen Kunden, ob telefonisch oder persönlich, jedes Training, jeden Vortrag, jedes Messegespräch können Sie zur Marktforschung nutzen.

Die Reaktion auf die Texte in Ihrer Mappe können Sie sofort auswerten und in die nächste Version einfließen lassen:

Marktforschung
mit Mappe

- Auf welche Stichworte reagieren die Kunden?
- Welche Nutzenpunkte überzeugen?
- Welche Begrifflichkeiten erzeugen Dialog, welche lassen die Kunden kalt?
- Mit welchen Seminartiteln kann der Kunde etwas anfangen?
- Welche Projekte erregen Aufsehen?
- Auf welche Punkte in meiner Biografie werde ich immer wieder angesprochen?
- Was für Feedback erhalte ich häufig von meinen Kunden? (»Sie sind ein Lotse, ein Sparringspartner, ein guter Zuhörer, eine Praktikerin, ein Mann der Tat, eine Feuerwehrfrau ...«)

Mappen können Sie entweder in guten Fachgeschäften kaufen und mit Ihrem Adress-Aufkleber versehen. Oder: Sie lassen sie drucken. Ein Visitenkartenschlitz innen ist wichtig. Damit Ihre Mappe auch nach mehrmaligem Anfassen noch gut aussieht, sollten Sie sie lackieren oder cellophanieren lassen. Die Drucke-

Gestaltung
der Mappe

rei kann Ihnen ein besonders günstiges Angebot dann machen, wenn Sie ein übliches Mappenformat wählen. Für ausgefallene Sonderformate müssen Sie zusätzlich die Kosten für das Einrichten der Stanzmaschine bezahlen.

Inhalt der Mappe Insgesamt umfasst Ihre Mappe maximal 7 bis 10 Seiten. Ansonsten empfinden Ihre Kunden Ihre Mappe eher als »Loseblattsammlung«.

- Einstiegsseite
- Wie ich arbeite
- Leistungen / Produkte
- Profil
- Referenzen und Projekte

Die Aufteilung der Mappe sollte so ausschauen:

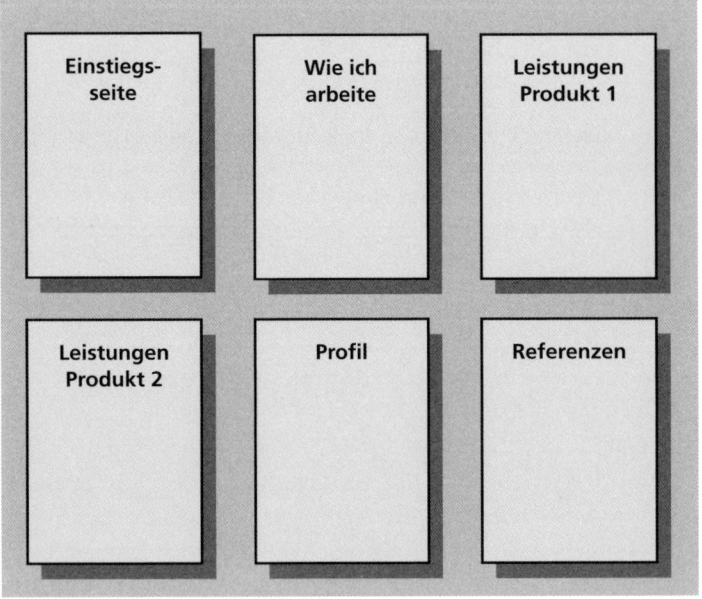

EINSTIEGSSEITE PRÄSENTIERT LEISTUNG UND NUTZEN

Mit der Einstiegsseite präsentieren Sie Ihre Leistung und den Nutzen. Dabei betonen Sie vor allem Perspektiven und Ressourcen. Diese Seite entspricht textlich am ehesten der Startseite Ihrer Website.

BEISPIEL 1: SO BAUT FRANZ J. KNIST, BERATUNG & TRAINING, SEINE EINSTIEGSSEITE AUF:

Qualität entwickeln nach EFQM

mit Ziel und Methode
mit Motivation und Kreativität
mit Struktur und Werten

- **Ihr Impuls:** »Einfach gut sein«, »noch besser werden«. Sie wollen die Qualitätsentwicklung Ihrer Arbeit und Ihrer Organisation pro-aktiv betreiben und damit anderen eine Nasenlänge voraus sein.

- **Ihr Anspruch:** Das eigene kreative und selbstkritische Potenzial und die Stärken Ihrer Dienstleistungen und Produkte nutzen, um sich erfolgreicher und klarer zu positionieren.

- **Ihr Ziel:** Punktuelle, bislang nur lose verbundene Verbesserungsprojekte einbetten in ein Gesamtkonzept.

BEISPIEL 2: UND SO ILDIGO JUHASZ, DIE BERATERIN FÜR MITTELSTAND UND FAMILIENUNTERNEHMEN:

Familienunternehmen sind erfolgreicher: Sie haben eine Familie im Rücken! Vertrauen, Stabilität, Werte und Familiensinn sind enorme Wettbewerbsvorteile – wenn es gelingt, die Familie als Ressource im Dienste des Unternehmens zu nutzen.

Familienunternehmen sind gefährdeter: Sie haben eine Familie im Rücken! Vertrauensverlust, Konflikte, enttäuschte Bindungen, mangelnde Loyalität können sich dramatisch auf das Unternehmen durchschlagen.

Als Beraterin für Familienunternehmen stelle ich Ihnen mein gesamtes Know-how, mein strategisches Denken zur Verfügung, insbesondere in den drei typischen Phasen rund um die Übergabe:

- vor einer gelungenen Übergabe und Nachfolgeregelung

- während der Übergabephase

- nach der Übergabe, wenn eine neue Phase der Unternehmensentwicklung angesagt ist

ARBEITSWEISE KONKRET BESCHREIBEN

Ihre potenziellen Kunden wollen etwas über Ihre Arbeitsweise erfahren. Ihre persönliche Arbeitsweise – nicht allgemeine Statements. Benutzen Sie auf der Seite »Wie ich arbeite« nur konkrete Formulierungen.

Unkonkrete Floskeln vermeiden

Vermeiden Sie also so etwas: »Wir sind spezialisiert auf die Gestaltung und Prozessbegleitung strategischer Veränderungsprozesse. Wir begleiten mit einer Kombination aus Trainings-, Beratungs- und Coachingelementen. Dabei arbeiten wir so, dass die Aktivitäten und Energien der Mitarbeiter eines Unternehmens auf allen Ebenen an gemeinsamen Visionen und Zielen orientiert sind. Unsere Kernkompetenz ist es, individuelle Potentiale zu entwickeln, Teamfähigkeit und Persönlichkeitskompetenzen auszubilden, Synergien zu schaffen und zu nutzen sowie dynamische Personalstrukturen zu realisieren. Die Leistungen basieren auf einem professionellen Gesamtkonzept, das sich an den aktuellen Unternehmenszielen orientiert. Unser Wirken ist geprägt von Partnerschaftlichkeit, Ehrlichkeit, Vertrauen, Authentizität, Engagement, Respekt, Wertschätzung, Effektivität und Flexibilität.«

Folgendes liest sich erheblich besser: »Nach gründlicher Analyse entwickle ich für Sie Beratungs- und Trainingskonzepte. Den Transfer in die Praxis unterstütze ich durch die Teilung mehrtägiger Trainings in zeitversetzte Module und Follow-ups. Ich lege besonderen Wert darauf, dass die Abwesenheit der Mitarbeiter vom Arbeitsplatz auf das Notwendigste beschränkt wird und setze vor allem Methoden des ›training on the job‹ ein. Das heißt: Ihre Mitarbeiter müssen nicht eine größere Zahl von Seminaren besuchen, bevor die Lernergebnisse umgesetzt werden können, sondern können neue Qualifikationen, neues Wissen sofort produktiv umsetzen.« (Ildigo Juhasz)

Sorgfältig und genau formulieren

Als Berater für Qualitätsentwicklung setze ich das Modell der EFQM (European Association for Quality Management) erfolgreich ein und unterstütze Sie bei Prozessen und Projekten der Qualitätsentwicklung in allen Phasen: Von der Selbstbewertung, d. h. der Erhebung Ihrer Stärken und Verbesserungspotenziale, über die Priorisierung, Planung und Realisierung, bis hin zur Überprüfung der Maßnahmen und deren Erfolge.

- Dieses Vorgehen nutzt das lebendige Interesse der Mitarbeitenden an qualitativ guter Arbeit, persönlicher Entwicklung, fachlicher Weiterqualifizierung und Professionalisierung.

- Gemeinsam entwickeln wir alltagstaugliche und einrichtungsspezifische Dokumentationsverfahren. Damit werden Veränderungen messbar gemacht. Sie können die Stärken und Verbesserungen der eigenen Organisation exakt nachweisen.

Franz Knist

BEISPIEL

LEISTUNGEN BESCHREIBEN

Bitte spulen Sie hier kein Leistungsverzeichnis herunter, Sie sind ja keine Krankenkasse. »Wir sind ein Unternehmen, das die Entwicklung von Menschen und Organisationen fördert. Unsere Leistungen umfassen Organisations-, Personal- und Teamentwicklung, Teamcoaching, Führungskräftetraining, Projektmanagement, E-Learning, Workshops, Trainings, Seminare und Coaching. Neben Inhouse-Trainings bieten wir auch offene Seminare an« – Endlosaufzählungen wie diese vermeiden Sie besser.

Bloße Aufzählung vermeiden Überlegen Sie, welche besonderen Leistungen Sie herausstreichen wollen und wie Sie sie prägnant beschreiben können.

BEISPIEL

Qualität entwickeln: Mögliche Bausteine eines Gesamtkonzepts

Bausteine, die ich im Rahmen eines organisationsspezifischen und bedarfsorientierten Gesamtkonzepts anbiete:

Prozessberatung

- Informations- und Orientierungstage zur Einführung in die Qualitätsentwicklung nach EFQM

- Beratung bei der Planung und Durchführung von Qualitätsentwicklungsprozessen und -projekten nach EFQM

- Moderation von Selbstbewertungsworkshops und Projektgruppen zu einzelnen EFQM-Elementen

- Workshops zur Entwicklung organisationsspezifischer Instrumente zum Nachweis der Qualitätsverbesserungen

Franz Knist

Ein weiteres Beispiel zeigt einen sehr anschaulichen Text »aus einem Guss«:

Meine Leistungen für Familienunternehmen

Als Beraterin für Familienunternehmen stelle ich Ihnen mein gesamtes Know-how, mein strategisches Denken zur Verfügung, insbesondere in den drei typischen Phasen rund um die Übergabe:

Weiter führen

Vor einer gelungenen Übergabe und Nachfolgeregelung gilt es, das Lebenswerk der Gründergeneration zu sichern, tragfähige Strukturen zu entwickeln. Dabei unterstütze ich Sie unter anderem bei der frühzeitigen Vorbereitung und Aufbau des Nachfolgers bzw. der Nachfolgerin und bei der Entwicklung einer Familienstrategie und einer Familiencharta.

Weiter geben

Während der Übergabephase: Das Lebenswerk und Erfahrung weiter geben. Dabei unterstütze ich Sie unter anderem durch Nachfolgeberatung, Entwicklung und Begleitung des Übergabeprozesses von Senior auf den Junior bzw. die Juniorin, durch Moderation von Familien- und Juniorkonferenzen.

Weiter entwickeln

Nach der Übergabe ist eine neue, eigenständige Phase der Unternehmensentwicklung angesagt. Ich unterstütze die Nachfolger unter anderem dabei, die richtige Balance zu finden zwischen dem Erhalt der erfolgreichen Traditionen, also den Familienwerten, und den Veränderungen für eine nachhaltig positive Zukunft.

Ildigo Juhasz

PROFIL UND REFERENZEN AUTHENTISCH PRÄSENTIEREN

Das Profil war bereits Thema im fünften Kapitel. Darum hier nur der Tipp: Für die Mappe wählen Sie eine Version, die auf eine Seite passt. Ein Foto? Nur dann, wenn Sie über einen wirklich hervorragenden Drucker verfügen.

Übliche Kundenlisten vermeiden

Bei den Referenzen ist es sinnvoll, bloße Aufzählungen zu vermeiden. »Unsere Kunden: Allianz, BMW, Daimler-Chrysler … Volkswagen, Züblin«: Die Aussagekraft solcher Kundenlisten tendiert gegen null: Denn »Kunde« – das kann in diesem Fall viel bedeuten, von »ich hatte einen zweijährigen Organisationsentwicklungsauftrag mit insgesamt 80 Beratertagen« bis zu »ein Mitarbeiter des Unternehmens hat einen halbtägigen Schnupperkurs zum Thema Führungskompetenz belegt«.

Projektreferenzen nutzen

Was können Sie stattdessen tun? Zum Beispiel eine Projektreferenz erstellen. Sicher: Das ist etwas mehr Arbeit, als nur einen Namen zu nennen. Ihre Leser gewinnen aber so einen Einblick in Ihre Denke und Arbeitsweise. Ein weiterer Vorteil der Projektreferenz: Sie behält ihre Aussagekraft auch anonymisiert: »Ein DAX 30 Unternehmen beauftragte mich …« oder »Für ein mittelständisches Maschinenbauunternehmen …«

Leitfaden zur Entwicklung einer Projektreferenz

Bei der Erstellung einer Projektreferenz beachten Sie die folgenden Aspekte (Sie finden auf der CD dazu eine Übung):

- Mit welchem Bedarf kam der Kunde auf mich zu?
- Was brauchte der Kunde aus seiner Sicht?
- Was ergaben die ersten Gespräche? Was brauchte der Kunde aus meiner Sicht?
- Was war mein Angebot? Vielleicht wollte der Kunde ein Teamtraining, nach einem ausführlichen Vorgespräch aber war klar, dass er von einem Führungskräfte-Coaching mehr profitiert.

- Wie ist die Maßnahme gelaufen? Welche Workshops, Trainings haben wir durchgeführt, in welchem Rhythmus, mit welchen Schwerpunkten?
- Welche Wirkung, welchen Nutzen haben wir erzielt? Vielleicht lässt sich der Nutzen auch quantifizieren: etwa Umsatzsteigerung, gesunkene Reklamationsquote, geringerer Krankenstand?
- Habe ich aus der Korrespondenz mit dem Ansprechpartner beim Kunden und/oder aus Feedbackbögen O-Ton zum Nutzen?

Nutzen Sie das folgende Beispiel bei der Formulierung Ihrer Projektreferenzen als Hinweise, wie Sie einen authentischen Text verfassen, in dem Fakten stets durch Quellenhinweise belegt werden.

Authentischen Text verfassen

Bedarf des Kunden

Die xy GmbH hat sich auf dem heiß umkämpften Markt für Sprachtrainings erfolgreich unter den ersten zehn Anbietern etabliert. Mit über 40 Standorten in Deutschland decken die Franchisenehmer der xy GmbH die komplette Bandbreite der sprachlichen Weiterbildung für Privat- und Geschäftskunden ab. Durch das schwankende Volumen im Bereich der privaten Bildung richtete sich die xy GmbH in den letzten Jahren stärker auf Geschäftskunden aus.

Angebot

Ziel der PR-Beratung war es, die xy GmbH als Sprachanbieter für Unternehmen, insbesondere für Spezialtrainings für Fachsprache im Bereich internationale Business-Beziehungen, Präsentation und IT zu etablieren. Unser Angebot umfasste deshalb eine Marktforschung zum Bekanntheitsgrad der xy GmbH bei Entscheidern und ein detailliertes PR-Konzept mit den Maßnahmen a, b und c. Um den langfristigen Erfolg sicher zu stellen, schlugen wir dem Kunden vor, sowohl für die

Mitarbeiterinnen der Unternehmenszentrale, als auch für die Mitarbeiterinnen an den einzelnen Standorten Trainings und PR-Pakete zu entwerfen.

Leistungen und Maßnahmen

Das gemeinsam erarbeitete PR-Konzept stellte zunächst durch die Maßnahmen a, b und c eine grundlegende Wahrnehmung der xy GmbH sicher. Begleitend dazu wurden Beiträge in Fachmedien platziert. Zentrales PR-Instrument war die Roadshow »Do you speak IT«, die auf zehn ausgewählten Messen in Deutschland Station machte und so über 100 000 Fachbesucher und Entscheider erreichte.

Ergebnisse

Die xy GmbH konnte nach einem Jahr ihren Bekanntheitsgrad bei Entscheidern in Personal- und Marketing-Abteilungen signifikant erhöhen (Quelle: Umfrage unter 100 ausgewählten Unternehmen vorher und nachher). Im Gegensatz zum Markttrend konnte der Sprachanbieter im Jahr XXXX einen Umsatzzuwachs von über 15 Prozent verzeichnen. (Quelle: …)

Testimonials professionell vorbereiten

Was sagt der Kunde über die Zusammenarbeit? Ein Testimonial sollte allerdings etwas länger sein als eine Jubelzeile wie »Super-Training mit toller Trainerin!«. Ein Testimonial können Sie mit der Projektreferenz verknüpfen oder von ihr getrennt anführen.

Viele Kunden haben wenig Zeit. Deshalb sollten Sie das Testimonial selbst entwerfen und es Ihrem Kunden schicken. Dann kann er den Text ergänzen – oder er gibt Ihnen das Okay für Ihren Text. Selbstverständlich sollten Sie kein Testimonial ohne das ausdrückliche Okay Ihres Kunden drucken oder in die Website einstellen.

Günther Rosche kommt aus der Praxis, und hat selbst in verantwortlicher Position gewirkt. Er trainiert, berät und spricht aus Erfahrung: Er bringt umfassendes Know-how zu den Themen Führung und Kommunikation mit.

Günther Rosche geht auf die einzelnen Führungskräfte und ihre spezifische Situation gezielt und sehr persönlich ein. Gerade die Einzelgespräche nach jedem Trainingsmodul sind dabei unterstützend. Günther Rosche spricht mit den Menschen in der Sprache, die sie selbst sprechen – seien es betriebliche Führungskräfte, hochgebildete Spezialisten im IT-Bereich oder Akademiker aus der Forschung.

Kunde/Quellenangabe

BROSCHÜRE: MEHR ALS NUR GUT FÜRS IMAGE

Broschüren von Trainern, Beratern oder Coachs sind selten reine »Image«broschüren, also Broschüren, die in schönen Bildern ein Unternehmen präsentieren und die von verschiedenen Produktbroschüren ergänzt werden. Das ist in der Regel zu teuer.

Deshalb sind Broschüren meist kombinierte Image-, Informations- und Produkt-Broschüren, die zielgruppenspezifisch getextet und gestaltet sind – auf acht, zwölf oder 16 Seiten. Mehr Seiten brauchen Sie in der Regel nur dann, wenn Sie in einem Jahresprogramm offene Seminare ausschreiben, inklusive Anmeldeformular, Anmeldebedingungen, Anfahrtsbeschreibung zum Seminarhaus etc. Für die Umsetzung Ihrer Basistexte in eine Broschüre sollten Sie einen Textcoach oder Texter und einen Grafik-Experten heranziehen. Deshalb an dieser Stelle vor allem Tipps zur Gestaltung und zum Aufbau Ihrer Broschüre.

Image-, Informations- und Produkt-Broschüren

- **Raum für Entwicklung lassen:** Wer mit einer 16-seitigen Hochglanz-Broschüre startet, kann beim Relaunch schlecht auf einen kleinen Flyer reduzieren. Überlegen Sie deshalb sorgfältig, welche Maßstäbe und Standards Sie setzen. Lassen Sie Raum für Verbesserung und Entwicklung.

- **Mut zu freien Flächen:** Das Auge braucht Pausen. Planen Sie deshalb Bilder und Leerraum ein. Für eine A4-Seite sind 1500 bis 1800 Zeichen eine Obergrenze, die Sie nicht überschreiten sollten.

- **Fotos sorgfältig wählen:** Mann beugt sich zu einer Frau hinunter, die vor dem Laptop sitzt und deutet mit triumphierendem Blick und ausgestrecktem Zeigefinger in Richtung Bildschirm. Frau kann sich vor Begeisterung über das, was er ihr da zeigt, kaum auf dem Stuhl halten. Haben Sie solche oder ähnliche Fotos auch schon tausendfach gesehen? Dann wissen Sie, welche Fotos in Ihrer Broschüre nichts zu suchen haben.

- **Die besondere Seite:** Ideal ist, wenn Sie in Ihrer Broschüre eine besondere Seite reservieren. Etwas Besonderes, das können sein: eine aussagekräftige Grafik, eine Tabelle, Definitionen wichtiger Begriffe, eine nützliche Checkliste, eine kurze Übung, die zu Ihrem Thema passt, FAQs oder eine besondere Projektreferenz.

Aufbau Acht-Seiter geheftet

Im Folgenden ein Beispiel für eine achtseitige Broschüre, geheftet. Wenn Sie für die Darstellung Ihrer Produkte und Leistungen mehr als zwei bis vier Seiten brauchen, wählen Sie besser einen Zwölf- oder 16-Seiter. Der grundlegende Aufbau ändert sich dadurch kaum.

 Ein Beispiel für eine achtseitige Broschüre finden Sie auf der CD (Beispiel »Wilhelm Geisbauer«)

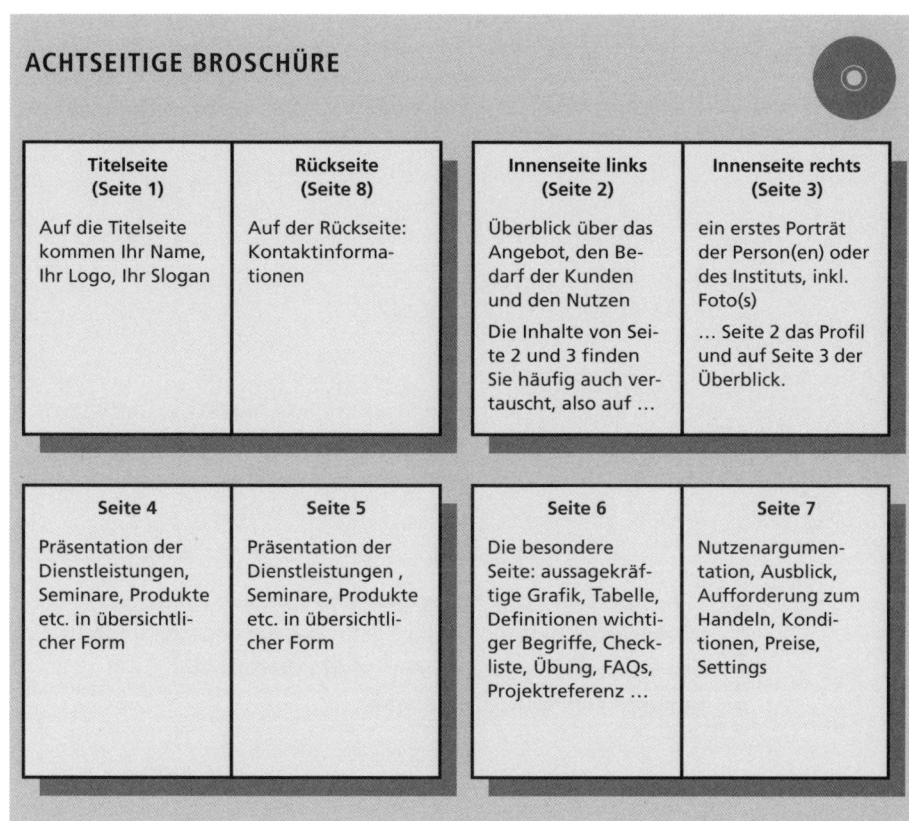

ACHTSEITIGE BROSCHÜRE

Titelseite (Seite 1)	Rückseite (Seite 8)	Innenseite links (Seite 2)	Innenseite rechts (Seite 3)
Auf die Titelseite kommen Ihr Name, Ihr Logo, Ihr Slogan	Auf der Rückseite: Kontaktinformationen	Überblick über das Angebot, den Bedarf der Kunden und den Nutzen Die Inhalte von Seite 2 und 3 finden Sie häufig auch vertauscht, also auf …	ein erstes Porträt der Person(en) oder des Instituts, inkl. Foto(s) … Seite 2 das Profil und auf Seite 3 der Überblick.

Seite 4	Seite 5	Seite 6	Seite 7
Präsentation der Dienstleistungen, Seminare, Produkte etc. in übersichtlicher Form	Präsentation der Dienstleistungen , Seminare, Produkte etc. in übersichtlicher Form	Die besondere Seite: aussagekräftige Grafik, Tabelle, Definitionen wichtiger Begriffe, Checkliste, Übung, FAQs, Projektreferenz …	Nutzenargumentation, Ausblick, Aufforderung zum Handeln, Konditionen, Preise, Settings

FLYER: DAS WESENTLICHE AUF SECHS SEITEN

Ein DIN-A4-Blatt wird zweimal gefaltet – so entsteht der DIN-lang Flyer, mit sechs Seiten im Format 10 x 21 cm DIN lang. Ein häufig gewähltes und bewährtes Format. Auch viele Auslagesysteme in Institutionen sind auf DIN-lang Broschüren eingestellt, so dass Sie Ihre Werbung breit streuen können.

Der DIN-lang Flyer bietet weitere Vorteile:

■ Sie können ihn im klassischen DIN-lang Umschlag ver-
schicken.
■ Sie können ihn günstig drucken lassen.
■ Sie können sich eine Druckvorlage drucken lassen und mit
Ihrem Drucker aktuelle Termine und Angaben eindrucken.
■ Sie können sich ein Einlegeblatt vorbereiten lassen und mit
aktuellen Terminen etwa für Ihre Workshops versehen.

Sechs Seiten, das bedeutet: einerseits genug Gestaltungsmöglich-
keiten, andererseits genug Struktur. So können Sie Ihre Informationen sinnvoll verteilen. Damit Sie Ihren Flyer richtig konzipieren und Ihre Texte wirksam auf die Seiten verteilen können,
müssen Sie wissen, wie Flyer gelesen werden.

**Flyer werden nicht linear gelesen, sondern zunächst
überflogen, bevor sich der Leser genauer mit dem Inhalt
beschäftigt. Der Leser nimmt den Inhalt in einer
bestimmten Reihenfolge wahr.**
■

Die Wahrnehmungsreihenfolge:

1. Titelseite
2. Klappseite rechts
3. linke Innenseite
4. rechte Innenseite
5. mittlere Innenseite
6. Rückseite

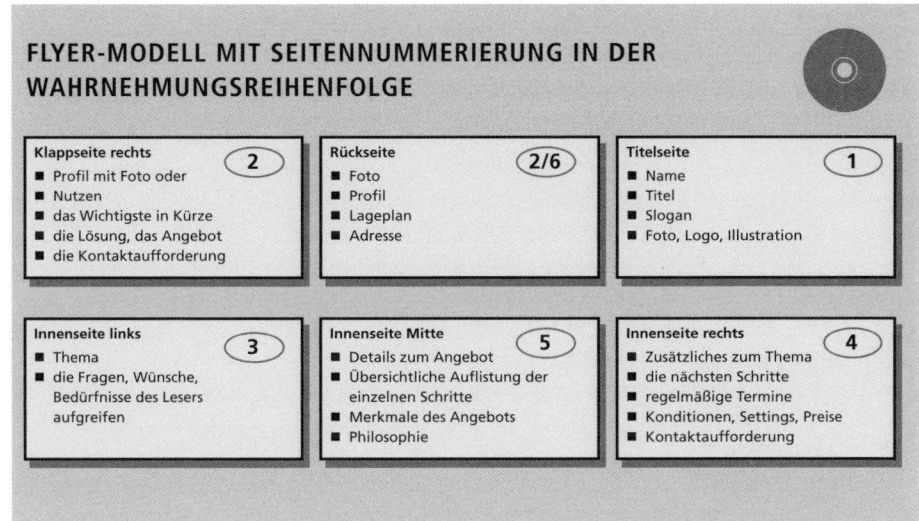

FLYER-MODELL MIT SEITENNUMMERIERUNG IN DER WAHRNEHMUNGSREIHENFOLGE

Klappseite rechts ②
- Profil mit Foto oder
- Nutzen
- das Wichtigste in Kürze
- die Lösung, das Angebot
- die Kontaktaufforderung

Rückseite ②/⑥
- Foto
- Profil
- Lageplan
- Adresse

Titelseite ①
- Name
- Titel
- Slogan
- Foto, Logo, Illustration

Innenseite links ③
- Thema
- die Fragen, Wünsche, Bedürfnisse des Lesers aufgreifen

Innenseite Mitte ⑤
- Details zum Angebot
- Übersichtliche Auflistung der einzelnen Schritte
- Merkmale des Angebots
- Philosophie

Innenseite rechts ④
- Zusätzliches zum Thema
- die nächsten Schritte
- regelmäßige Termine
- Konditionen, Settings, Preise
- Kontaktaufforderung

Der neugierig gewordene Interessent faltet den Flyer auseinander und findet auf den Innenseiten weitere Informationen. Deshalb bauen bei einem DIN-lang Flyer die einzelnen Seiten logisch aufeinander auf und stehen untereinander in Bezug. Besonders wichtig ist die »Klappseite rechts«. Für diese Seite gibt es zwei Möglichkeiten:

Wichtige »Klappseite rechts«

1. Sie fassen das Wichtigste zusammen, präsentieren die wichtigsten Nutzenargumente. Dabei dürfen Sie ruhig etwas wiederholen, was auf den Innenseiten steht. Zudem fordern Sie zur Kontaktaufnahme per Telefon und/oder E-Mail auf.
2. Sie stellen Ihre Person, Ihr Profil in den Mittelpunkt. Dazu ebenfalls eine Aufforderung zur Kontaktaufnahme per Telefon und/oder E-Mail.

Die »Innenseite Mitte« dagegen wird am seltensten und am oberflächlichsten gelesen. Warum? Der Leseblick richtet sich zu-

Die »Innenseite Mitte«

nächst auf die Ränder, zuerst nach rechts, dann nach links. Die Mittelseite hat es schwer. Deshalb ist das der Platz, um eine Methode genauer darzustellen und Details zu klären – für die Leser, die es genau wissen wollen.

 Auf der CD-ROM finden Sie zur Veranschaulichung ein DIN-lang Flyer-Beispiel von Birgit Schneider, Mentorin für Lebenskunst, Bad Tölz. Das Beispiel kann Ihnen ebenso wie die folgenden Tipps dabei helfen, einen Flyer zu erstellen:

TIPP

- Wenn Sie den Flyer auf 160 g starken Karton drucken lassen und je einen Flyer zusammen mit einem Anschreiben auf 80 g starkem Briefpapier verschicken, dann bleiben Sie mit diesem Mailing im Rahmen des Gewichts für Standardsendungen: 20 g. Wählen Sie für Briefpapier und/oder Flyer schwereres Papier, erhöhen sich Ihre Portokosten.

- Ihr Flyer muss im Wickelfalz gefalzt sein. Wenn Sie ihn einmal als Beileger für eine Zeitschrift beilegen oder einem Lettershop für ein Mailing übergeben, muss er eine geschlossene Längsseite haben.

- Wenn Sie Einlegeblätter in Ihren Flyer einlegen, dann nehmen Sie dafür das gleiche Papier. Lassen Sie es gleich von der Druckerei schneiden oder kaufen Sie sich eine gute Papierschneidemaschine. Ausgefranste und schiefe Schnittstellen wirken billig.

- Eine äußerst praktische Alternative zu Einlegeblättern: Sie lassen sich von Ihrem Grafiker einen »halb-fertigen« Flyer gestalten und von der Druckerei drucken. Auf der Vorderseite des Blatts findet der Leser die Basisinformationen über Sie und Ihre Arbeit. Die Innenseiten können Sie individuell über Ihren PC bedrucken, zum Beispiel mit aktuellen Workshop-Terminen und Seminar-Angeboten.

Ein Beispiel für einen zweiseitigen, »halb-fertigen« Flyer von Ildigo Juhasz finden Sie auf der CD.

Extra: DIN-lang Flyer mit Antwortelement

Der DIN-lang Flyer mit Antwortelement beschränkt den Platz, den Sie für Ihr Angebot haben, ganz erheblich. Denn: Zwei Seiten entfallen auf das Antwortelement. Titel- und Rückseite bleiben im Wesentlichen ähnlich. So bleiben Ihnen noch zwei Seiten für Ihr Angebot: Die linke und die mittlere Innenseite. Die Trennlinie können Sie von der Druckerei perforieren lassen, so dass Ihre Leser nicht erst zur Schere greifen müssen.

Damit Ihre Leser das Antwortelement bequem nutzen können, sollten Sie unbedingt folgende Aufteilung beachten:

Aufteilung beachten

- Klappseite rechts: vorgedrucktes Antwortelement; so gestaltet, dass es der Leser einfach in einen Fensterumschlag stecken und abschicken kann.

- Innenseite rechts: Formular zum Ausfüllen. Denn auf der linken und mittleren Innenseite präsentieren Sie Ihr Angebot. Wenn Sie gleich rechts daneben das Formular zum Ausfüllen bereitstellen, kann der Leser bequem links das Angebot auswählen, vergleichen, überprüfen, ankreuzen und unterschreiben. Lästiges Hin- und Herblättern entfällt.

DIN-LANG FLYER MIT ANTWORTELEMENT

Klappseite rechts Adresse für Fensterumschlag	**Rückseite** ■ Foto ■ Profil ■ Lageplan ■ Adresse	**Titelseite** ■ Name ■ Titel ■ Slogan ■ Foto, Logo, Illustration
Innenseite links ■ Thema ■ die Fragen, Wünsche, Bedürfnisse des Lesers aufgreifen ■ Nutzen ■ Merkmale des Angebots	**Innenseite Mitte** ■ Details zum Angebot ■ übersichtliche Auflistung der einzelnen Schritte ■ Termine	**Innenseite rechts** (Anmelde-)Coupon zum Ankreuzen

8. DIE WEBSITE: ZIELSETZUNG IST ENTSCHEIDEND

Der Vorteil einer Website: Flexibilität. Der Nachteil (neudeutsch: die Herausforderung) einer Website: Flexibilität.

Ob eine oder hundert Unterseiten, mit integrierter Anmelde-funktion, mit Gästebuch und Forum, mit passwortgeschütztem Download-Portal für Teilnehmer oder doch »nur« eine »kleine« statische Site: (Fast) Alles ist möglich. Und damit fehlt ein Rahmen, im Gegensatz z. B. zum Flyer, der einen »natürlichen« Rahmen vorgibt: sechs Seiten, da muss alles draufpassen.

Flexibilität: Vor- und Nachteil

DIE RAHMENBEDINGUNGEN

Sie sollten sich zunächst einmal Gedanken über die Rahmenbe-dingungen Ihrer Website machen. Die ersten Fragen lauten also:

- Was wollen Sie mit der Website erreichen?
- Welche Stellung hat die Website in Ihrem Marketing-Konzept?

Und damit Sie diese Fragen beantworten können, müssen Sie zunächst wissen:

Was wollen Sie mit der Website erreichen

- wie neue Kunden auf Sie zukommen oder in Zukunft auf Sie zukommen sollen,
- wie intensiv Sie mit Hilfe der Website Stammkunden-marketing betreiben wollen und
- welche weiteren Kriterien Struktur und Umfang Ihrer Website beeinflussen.

Außerdem gilt es natürlich, auch bei der Planung einer Website die »üblichen« Fragen nach Zielgruppe und Angebot zu stellen. Dazu nutzen Sie den Fragebogen auf Seite 138 im siebten Kapitel.

Wie kommen Ihre Kunden auf Sie zu? Wenn Ihre potenziellen Kunden auf Ihrer Website landen: Haben Sie sich dann bereits kennen gelernt oder ist dieses Landen auf Ihrer Website das erste Kennenlernen?

- *Modell 1:* »Mit meiner Website will ich vor allem Neukunden gewinnen. Die Kunden sollen vor allem über Suchmaschinenmarketing, über Links von Partnern, durch Empfehlungen auf meine Site gelangen. Die Website ist damit der erste Kundenkontakt.«
- *Modell 2:* »Mit meiner Website will ich vor allem eine zweite Akquisestufe bereitstellen. Ich lerne viele meiner potenziellen Kunden auf Vorträgen, Messen oder in Veranstaltungen kennen. Dort tauschen wir Visitenkarten aus und ich empfehle meinen Gesprächspartnern, meine Website zu besuchen, weil sie dort mehr Informationen über mein Angebot finden.«

Wie intensiv wollen Sie Stammkundenmarketing betreiben? Welchen Service wollen Sie Ihren Besuchern bieten, insbesondere den Stammkunden? Tipp des Monats, Online-Coaching, Transferunterstützung durch PDF-Download oder einen passwortgeschützten Login-Bereich für ehemalige Teilnehmer – all das sind Möglichkeiten, Ihren Kunden regelmäßig Mehrwert und Input über den Tag hinaus zu geben.

Achtung: Schätzen Sie den Aufwand für Aktualisierung und Pflege richtig ein.

Fangen Sie lieber mit einem »Tipp des Monats« an, bevor Sie sich auf einen »Tipp des Tages« verpflichten und Ihnen schon nach einigen Wochen die Puste ausgeht. Besser ein zuverlässiger Service als leere Serviceversprechen. Überlegen Sie daher genau, welche Kriterien für Ihre Website von Bedeutung sind:

- *Unternehmensgröße:* In der Regel wird ein Trainingsinstitut mit zehn festen Mitarbeitern und einem umfangreichen Angebotsportfolio eine umfangreichere Website haben als eine Einzeltrainerin, die sich auf ein Thema spezialisiert hat.

    Welche Kriterien beeinflussen Struktur und Umfang noch?

- *Arbeitsweise:* Bieten Sie zum Beispiel Ihre Seminare nur als Inhouse-Seminare an, können Sie auf eine komplexe Online-Anmeldung verzichten. Bieten Sie vor allem offene Seminare an, brauchen Sie eine Online-Anmeldung. Bieten Sie offene Seminare für verschiedene Institute an, brauchen Sie wahrscheinlich keine Online-Anmeldung, aber eine aktualisierbare Terminübersicht, damit Sie diese Seminare auch über Ihre eigene Website zusätzlich bewerben können.
- *Zielgruppe:* Wenn Sie zwei sehr unterschiedliche Zielgruppen ansprechen, dann haben Sie in der Regel zwei Möglichkeiten. Entweder Sie entscheiden sich für zwei Web-Adressen, mit unterschiedlichen Texten und unterschiedlicher Gestaltung. Oder Sie gestalten die Startseite als »Weiche« – die zu zwei unterschiedlichen Bereichen leitet, zum Beispiel:
    - *Profit- und Nonprofit-Bereich*
    - *Unternehmen und öffentliche Auftraggeber*
    - *Privatkunden und Unternehmenskunden*

FUNDAMENT UND INNENAUSSTATTUNG

Wie gesagt: Ein Flyer gibt Ihnen den Rahmen vor – bei der Website müssen Sie selbst über den Umfang entscheiden. Für das Konzept Ihrer Website gilt: Sie beginnen beim Fundament, stocken bei Bedarf auf und leisten sich dann ein mehr oder weniger luxuriöse Innenausstattung.

Das Fundament:

- Home/Startseite
- Profil/Porträt
- Leistungen
- Kontakt
- Impressum

Die Aufstockung:

- Referenzen
- Service/Aktuelles
- Links/Netzwerk
- Arbeitsweise/Methodik/»Wie ich arbeite«
- Kontakt

Die Innenausstattung:

Nur den Bereich Service/Aktuelles können Sie auch als
»Einzelkämpfer« (fast) beliebig ausweiten mit Hilfe von:

- Publikationen
- PDF-Downloads
- Trainingsunterlagen
- Online-Forum
- Login-Bereich

DER TEXT: HÄPPCHEN, SINNEINHEITEN, ERGÄNZUNGEN

Was gilt für den Text auf der Website? Dazu drei besonders ver-
breitete Behauptungen, die Sie so oder ähnlich vielleicht selbst
schon gelesen haben:

1. »Internettexte sollten kürzer sein als gedruckte Texte!«
2. »Für das Internet muss man anders schreiben!«
3. »Texte der Broschüre müssen für die Website umformuliert
   werden!«

Das sind drei Behauptungen, die so pauschal und plakativ blanker Unsinn sind. Beispiel »Internettexte sollten kürzer sein als gedruckte Texte!« Eine solche pauschale Aussage macht wenig Sinn:

Kürzen nicht notwendig

- Einen Fachartikel müssen Sie nicht kürzen, bloß weil Sie ihn als PDF ins Internet stellen.
- Die Beschreibung Ihrer wichtigsten Veranstaltung oder Ihr Profil müssen Sie nicht kürzen, bloß weil Sie die Texte ins Internet stellen. Im Gegenteil: Im Internet finden wir häufig etwas ausführlichere Trainerprofile – zum Betrachten oder zum Download.

Im Internet sollten Sie Ihre Texte in kleinen Häppchen präsentieren und dazu Aufzählungen, Absätze, Zwischenüberschriften benutzen.

Kommen wir zur zweiten Behauptung: »Für das Internet muss man anders schreiben!« Ja, und zwar dann, wenn Sie normalerweise Schachtelsätze stapeln, hohle Phrasen tönen lassen oder Ihre Leser in die Bleiwüste schicken. Wenn Sie dagegen einige Stil- und Text-Regeln beachten, müssen Sie Ihre Texte für die Website nicht umschreiben.

Einfach gut texten

Für die Website müssen Sie Ihre Texte genau strukturieren, in kleinere Sinneinheiten aufteilen und im Vergleich zur Broschüre umschichten.

»Texte der Broschüre müssen für die Website umformuliert werden!« Wieso das denn? Abgesehen vom Aufwand verschenken Sie damit auch noch wertvolle Wiedererkennungseffekte. Ihre Kernbotschaft, Ihre zentrale Nutzenargumentation, die

Wiederholungen sind erlaubt

wichtigsten Begriffe sollten auf jeden Fall identisch sein. Und Angebote und Formulierungen dürfen sich natürlich wiederholen.

> **Broschüre und Website sollten sich wechselseitig ergänzen. Ihre Website sollte mit ergänzenden Informationen aufwarten.**

TEXTE IN HÄPPCHEN PRÄSENTIEREN

Im Internet sollten Sie Ihre Texte in kleinen Häppchen präsentieren und dazu Aufzählungen, Absätze, Zwischenüberschriften benutzen. Wie das geht, wissen Sie bereits aus Kapitel 3. Erinnern Sie sich noch an die Strukturelemente eines Briefs?

- Vor-Teil
- Haupt-Teil
- Mit-Teil
- Süßes Teilchen

Vor-Teil: Neugier wecken

Der Vor-Teil macht neugierig. Eine Seitenüberschrift und ein Einstiegs-satz geben dem Leser einen Überblick. Das beginnt bereits bei der Startseite. Hier machen Sie deutlich, wer Sie sind, was Sie anbieten, wie Sie arbeiten und wofür Sie Spezialist oder Spezialistin sind – dazu ein paar Beispiele:

BEISPIEL 1: TEAM-FACTORY

Willkommen bei Team-Factory!

Sie wollen in sehr kurzer Zeit ein schlagkräftiges Team formen?
Sie möchten unproduktive Teamphasen verringern?
Sie haben Konflikte im Team bemerkt und wollen diese lösen?

Dann ist Team-Factory Ihr zuverlässiger Partner. Projektleiter und Führungskräfte, die ihre Teams aktiv steuern wollen, erhalten mehr Handlungsspielraum!

BEISPIEL 2: ILDIGO JUHASZ

Ildigo Juhasz, Die Beraterin für Mittelstand und Familienunternehmen

Beratung Entwicklung Coaching

BEISPIEL 3: ERNST AUMÜLLER

Ernst Aumüller
Menschen und Teams in Balance

Herzlich Willkommen auf meiner Website!

Mein Angebot für Sie:

Coaching und Seminare zu den Themen

- Für das Ganze Verantwortung tragen: Führungskräfteentwicklung
- Miteinander arbeiten: Teamentwicklung
- Für sich sorgen: Persönlichkeitsentwicklung
- Darüber hinauswachsen: Spirituelle Entwicklung

Den Haupt-Teil strukturieren Sie mit übersichtlichen Aufzählungen, Absätzen und Zwischenüberschriften.

**Haupt-Teil:
Informieren**

BEISPIEL 1: TEAM-FACTORY

Team-Factory wirkt gegen Kurzschlussdenken und Aktionismus und unterscheidet sorgfältig **drei Schritte auf dem Weg zu optimaler Team-Performance**:

1. **Schritt – seitwärts:** Die objektive Team-Performance-Analyse für eine klare Sicht der Dinge.

2. **Schritt – vorwärts:** Die bedarfsgerechte Team-Performance-Planung für ein strukturiertes Maßnahmen-Design.

3. **Schritt – aufwärts:** Die zielführende Team-Performance-Umsetzung für Ihren langfristigen Erfolg.

Mit einem unabhängigen Pool von Experten im Hintergrund kann ich für Sie anbieterunabhängige Servicepakete schnüren und schlage so die Brücke zwischen Management und Psychologie.

BEISPIEL 2: ILDOGO JUHASZ

Von meiner Beratung, von Coaching und Personalentwicklung profitieren besonders auch Familienunternehmen

- **vor** einer gelungenen Übergabe und Nachfolgeregelung
- **während** der Übergabephase
- **nach** der Übergabe, wenn eine neue Phase der Unternehmensentwicklung angesagt ist

Mit-Teil: Kontaktaufnahme ermöglichen

Der Mit-Teil macht jede einzelne Seite Ihres Internetauftritts zu einer Kontaktseite. Sie können auf jeder Seite einen auffordernden Satz mit Link zur Kontaktseite oder einem E-Mail-Fenster unterbringen.

BEISPIEL 1

Nehmen Sie Kontakt mit mir auf und klicken Sie **hier** oder rufen Sie mich an.
Telefon 0123/4567

BEISPIEL 2

Interessiert? Dann klicken Sie **hier** oder rufen Sie mich an: 0123/4567

Ob Download-Angebot oder Newsletter, ob Link oder Tipp – auch auf der Website bietet das Süße Teilchen mehr Nutzen:

Süßes Teilchen: Mehr-Nutzen bieten

- Auf eigene Fach-Publikationen verweisen, wie das beispielsweise Ildigo Juhasz macht: Meine Abschlussarbeit »Generationenwechsel in Familienunternehmen« im Rahmen der Ausbildung Systemische Organisationsentwicklung können Sie als Exzerpt abrufen www.mcv.at/notizen
- Aktuelle Veranstaltungen, Seminare und Hinweise in der rechten Spalte

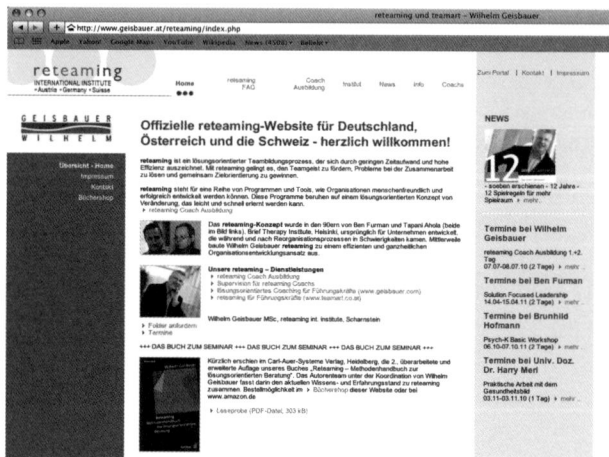

(Quelle: www.geisbauer.at/reteaming)

Im Folgenden präsentiere ich Ihnen einige gelungene Websites. Im ersten Beispiel gelingt es sehr gut, die Seite mit Hilfe von Aufzählungen zu strukturieren:

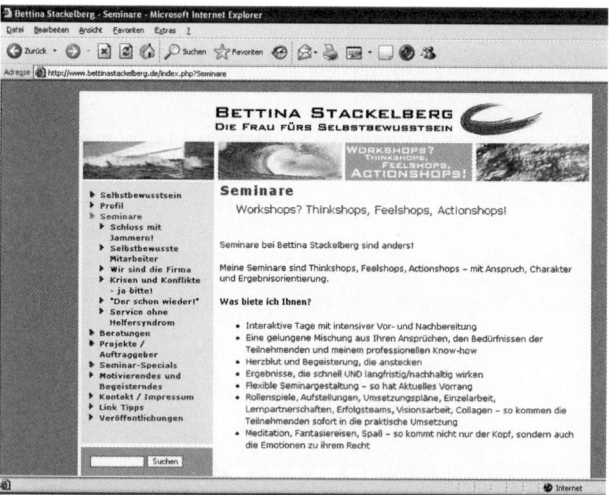

(Quelle: www.bettinastackelberg.de)

Hier wird Übersicht durch die Spaltenschreibweise erreicht:

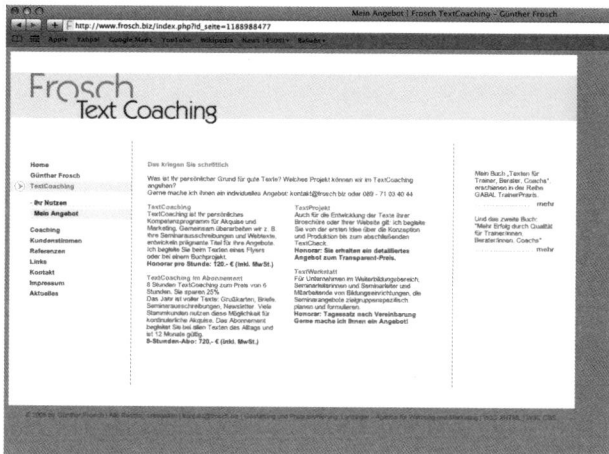

(Quelle: www.frosch.biz)

Auch Zwischenüberschriften geben Orientierung, wie die nächsten zwei Beispiele zeigen:

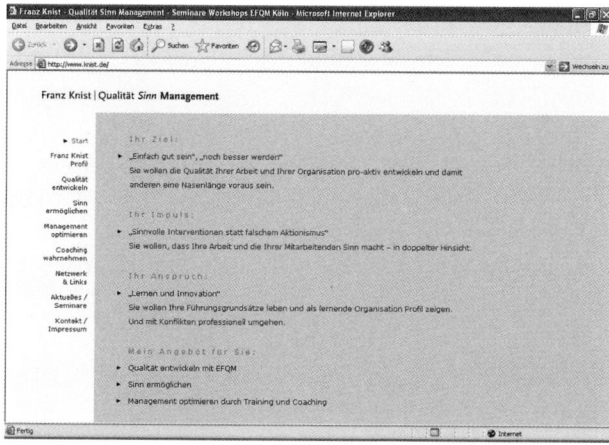

(Quelle: www.knist.de)

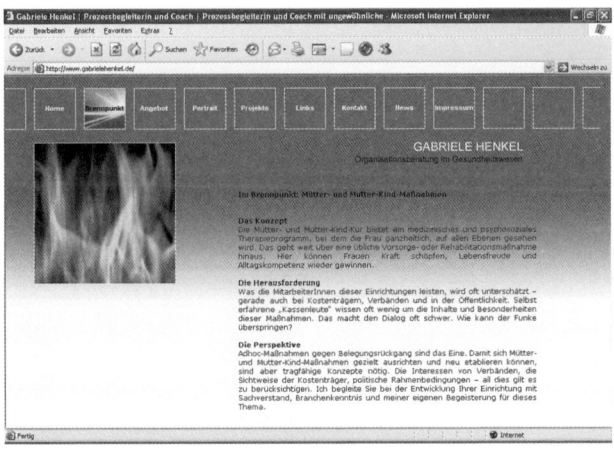

(Quelle: www.gabrielehenkel.de)

TEXTE IN KLEINERE SINNEINHEITEN AUFTEILEN

Sprungmarken geben
längeren Texten
Struktur

Im Internet steht jede Seite für sich und muss allein wirken. Das ist der grundlegende Unterschied zur Broschüre, in der Sie Querverbindungen zwischen linker und rechter Seite, Vorder- und Rückseite, vorhergehender und nachfolgender Seite schaffen können.

Ich gestehe es gleich vorweg: Ich bin kein Freund von allzu vielen Unterseiten, auf denen sich die Leser nur zu schnell verirren. Eine besonders einfache Methode, längere Texte zu strukturieren, ist der Einsatz von Sprungmarken, die zugleich als Zwischenüberschriften fungieren.

Praktisch geht das so: Direkt nach der Überschrift steht das Wichtigste, die Zusammenfassung des folgenden Texts. Das entspricht dem »Abstract«, wie Sie es aus wissenschaftlichen Aufsätzen kennen, oder dem ersten Abschnitt eines Zeitungsartikels. Dieser Abschnitt macht neugierig, präsentiert das Thema in Kürze. Danach folgt die weitere Gliederung des Textes durch Zwischenüberschriften in Sprungmarkenform. Mit diesem Aufbau lassen sich die zwei häufigsten Nutzertypen erreichen: die »Scroller« und die »Springer«.

DIE SELBSTMARKETING-KLAUSUR

3 Tage Kreativpause für Selbständige und unternehmerisch denkende Angestellte

(Jetzt folgt das Wichtigste)

- Wie nehmen Sie Ihren beruflichen Erfolg in die eigene Hand?
- Wie machen Sie Kunden, Vorgesetzte und Kollegen auf Ihr Können aufmerksam?
- Wie bringen Sie Ihre persönlichen Stärken deutlich rüber?
- Wie können Sie Selbstmarketing-Situationen aktiv suchen und gestalten?

In einer 3-tägigen Kreativpause abseits vom Alltag arbeiten Sie das Besondere, den Kern Ihrer Person und Ihres Angebots heraus:
So individuell, dass Sie selbst sich damit wohl fühlen.
So motivierend, dass Sie damit aktiv nach außen gehen können.
So lebendig, dass andere Sie deutlich wahrnehmen, wertschätzen und nachfragen.

(Jetzt folgen die Sprungmarken)

Was Sie von der Klausur mitnehmen

Was Selbstmarketing ist

Welche Fragen Sie in der Klausur leiten

Wer zur Selbstmarketing-Klausur kommt

Was Teilnehmer über die Klausur sagen

Was Sie von der Klausur mitnehmen

- Klarheit über Ihr eigenes Profil
- Überblick über die Wünsche und Erwartungen Ihrer Zielgruppen

- Wissen um Ihre persönlichen Erfolgsfaktoren
- Strategien für erfolgreiches Auftreten und Verhandeln
- Motivierende Ziele und erste Umsetzungsschritte
- Problemlösungskompetenz, die im Alltag trägt

Strukturierter Input und Austausch mit anderen fördern neue Ideen und persönliche Strategien. Durch praktische Übungen, individuelles Feedback und die Dynamik der Gruppe entwickeln Sie ein prägnantes, persönliches Profil.

Sie erleben, wie Sie sich mit Souveränität und Energie für Ihren beruflichen Erfolg einsetzen können. Praktische Tipps und Selbstmarketing-Werkzeuge sorgen für Gelassenheit und Entscheidungssicherheit im Alltag.

Was Selbstmarketing ist

Selbstmarketing ist die Kunst, Ihre Leistung sichtbar zu machen und dafür einen ganz eigenen Stil zu entwickeln. ...

Die Website sieht dann so aus:

(Quelle: www.elisabeth-kraeuter.de)

Eine Variante der Sprungmarken besteht in Zwischenüberschriften, die durch Klicken mit Text ergänzt werden:

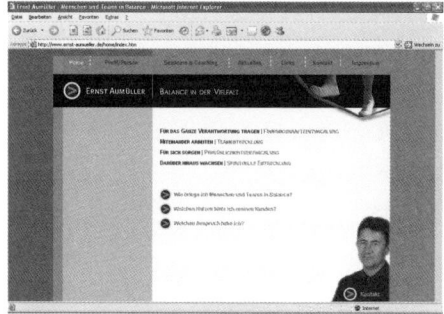 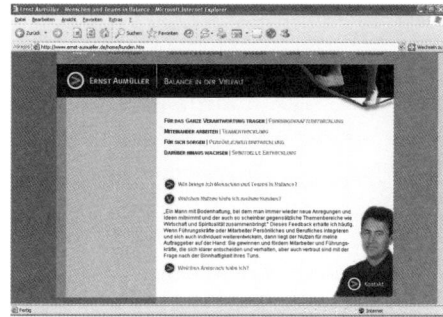

(Quelle: www.ernst-aumueller.de)

ERGÄNZENDE INFORMATIONEN BIETEN

Sie sollten die Texte von Broschüre und Website nicht einfach deckungsgleich formulieren. Ihre Website muss mit Informationen darüber hinaus aufwarten – mal mehr oder mal weniger als in der Broschüre, je nach Zielsetzung.

»Mit meiner Website will ich vor allem Neukunden gewinnen. Die Kunden sollen vor allem über Suchmaschinenmarketing, über Links von Partnern, durch Empfehlungen auf meine Site gelangen. Die Website ist damit der erste Kundenkontakt.« Wenn dies Ihr Ziel ist, bedenken Sie: Wenn Ihre potenziellen Kunden auf Ihrer Website landen, kennen sie Sie noch nicht.

Ihr Ziel:
Kontaktaufnahme

Es ist dann die wichtigste Aufgabe Ihrer Website, den Besucher so neugierig auf Sie und Ihr Angebot zu machen, dass er Ihnen über die Kontaktseite oder das Kontaktformular seine Kontaktdaten übermittelt.

Besonders wenn Sie mit Einzelunternehmern und Privatkunden Geschäfte machen, sollten Sie immer versuchen, die Post-Adresse des potenziellen Kunden zu erhalten. Dies erreichen Sie etwa mit Hilfe eines Fragebogens oder einer Checkliste, die Sie zum Ausfüllen anbieten. Sie machen den Besucher also neugierig auf mehr. Dieses »Mehr« an Information schicken Sie dem Kunden per E-Mail oder per Post zu. Dabei muss das »Mehr« nicht unbedingt eine aufwändige Broschüre sein. Interessiert sich der Besucher zum Beispiel insbesondere für ein Coaching, können Sie neben Ihrer Coachingbroschüre oder den allgemeinen Coachinginformationen auch weitere Informationen verschicken:

- einen Fachartikel, den Sie geschrieben haben
- einen Fragebogen
- eine kurze Checkliste, die Ihren potenziellen Kunden schon mal zum Nachdenken bringt

Natürlich können Sie auch ein Kontaktformular einsetzen, durch das Sie nähere Informationen zum potenziellen Kunden erhalten:

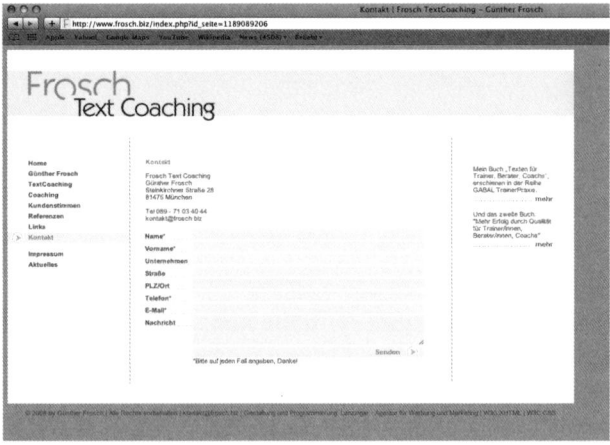

(Quelle: www.frosch.biz)

»Mit meiner Website will ich vor allem eine zweite Akquisestufe bereitstellen. Ich lerne viele meiner potenziellen Kunden auf Vorträgen, Messen, in Veranstaltungen kennen. Dort tauschen wir Visitenkarten aus und ich empfehle meinen Gesprächspartnern, meine Website zu besuchen, weil sie dort mehr Informationen über mein Angebot finden.«

Ihr Ziel: Zusatzinformationen bieten

Für die zweite Akquisestufe brauchen Sie etwas zum »Nachlegen«. In diesem Fall sind viele Ihrer potenziellen Kunden bereits mit Ihnen und einem Teil Ihres Angebots vertraut. Die Website dient dann dazu, für den Kunden zusätzliche Informationen über Sie und Ihr Angebot bereitzuhalten:

- Fachartikel zum Download
- Projektreferenzen, Projektbeispiele
- ein ausführliches Trainerprofil

Stoff zum »Nachlegen«

Leiten Sie die nächste Akquisestufe ein, indem Sie Ihren Besuchern ein Newsletter-Abo, ein Schnuppercoaching oder ein anderes niederschwelliges Angebot offerieren. Eine Alternative: Sie laden sie ein, zu einem konkreten Projekt ein Angebot anzufordern.

»Mit der Website betreibe ich vor allem Stammkundenmarketing. Kunden aus Projekten, Seminaren, Coachings sollen auf der Website regelmäßig Transfer-Input und Mehrwert über den Tag hinaus erhalten und so zu Empfehlungskunden werden.«

Ihr Ziel: Stammkundenmarketing

In diesem Fall wird der Umfang Ihrer Website höchstwahrscheinlich weit über den Ihrer Broschüre hinausgehen – wenn auch nicht unbedingt im allgemein zugänglichen Bereich. In einem Login-Bereich für Ihre Kunden können Sie einiges anbieten – als kostenlosen oder kostenpflichtigen Service:

Der Login-Bereich

- Seminarunterlagen zum Download
- Tipps und Hinweise
- umfangreiche Tools
- Coaching-Forum
- Fachartikel, wissenschaftliche Artikel zum Download

TIPP

Wichtige Tipps für Ihre Website

- Menüleiste links oder oben: Für die Platzierung der Navigationsleiste gibt es eine klare Empfehlung. Die Nutzer erwarten sie entweder links vertikal (häufigster Fall) oder oben horizontal. Weitere Platzierungen sind zu ungewöhnlich und damit nicht zu empfehlen.

- Seien Sie nicht zu kreativ: Für die Begriffe der Menüleiste gibt es nicht viele Möglichkeiten.
  - »Home« oder »Startseite«
  - »Porträt«, »Profil«, »Petra Müller« oder »Ihr Trainerteam«
  - »Leistung« oder »Angebot«
  - »Download«
  - »Suche« oder »Suchen«
  Versuchen Sie hier nicht, Begrifflichkeiten zu erfinden – wichtig sind hier allein die Lesegewohnheiten der Nutzer. Alles, was irritiert, wirkt kontraproduktiv.

- Neueste Technik: Denken Sie immer an die Nutzer mit der schlechtesten Ausstattung. Insbesondere, wenn Ihre Kunden zum Beispiel Einzelunternehmer, Privatleute oder Handwerksbetriebe sind, sollten Sie vorsichtig sein mit Animationen und grafischen Spielereien. Schön, wenn Sie und Ihr Grafiker die neueste Technik haben – andere sind da zögerlicher. Verzichten Sie im Zweifelsfall lieber auf das tolle Intro. Lange Ladezeiten verschrecken die User.

- Testen Sie Ihre Website, bevor sie online geht – und auch danach regelmäßig. Testen Sie das Ganze auch mit unter-

schiedlichen Browsern, also zum Beispiel neben »Explorer«
auch mit »Firefox«. Immer wieder passiert es zum Beispiel
auch, dass einzelne Links nicht aktiviert sind.

■ Kein Baustellenzeichen, bitte: Auch wenn im Augenblick nur
die E-Mail funktioniert: Die Nutzer sind neugierig und geben die Webadresse ein. Da ist es schade, wenn ein Baustellenzeichen erscheint und der Spruch: »Hier entsteht eine
neue Internetpräsenz«. Hinterlegen Sie auf Ihrer Site mindestens eine Visitenkarte, zum Beispiel Ihr Logo mit Adresse.

■ Bitte wenig Bewegung: Bildelemente, die sich neben oder
über den Texten im Sekundentakt bewegen oder überblen-
den, lenken vom Text ab. Entscheiden Sie sich, ob Sie informieren oder eine Diashow präsentieren wollen.

■ Unterstreichungen signalisieren dem Nutzer: Diese Passage
fungiert als Sprungmarke oder Link, »hier geht es weiter« –
zu einer längeren Textstelle, auf eine andere Website oder
eine weitere interne Seite.
Wenn Sie einzelne Wörter oder Passagen hervorheben
wollen, dann machen Sie das über Farbe oder Schriftgröße,
nicht durch Unterstreichungen. Unterstreichen Sie nur
Wörter, die als Links programmiert sind.

■ Verlinkung oder Rauswurf? Links sollten so programmiert
sein, dass sie sich in einem neuen Browserfenster öffnen –
und Ihre eigene Site damit weiterhin geöffnet bleibt. Häufig
passiert Folgendes: Ich klicke auf einen Link zur Website eines Geschäftspartners, lese dort ein wenig, schließe die Site
und – habe die ursprüngliche Site verloren, bin »weg vom
Fenster« und muss erst wieder meinen Internet-Browser öffnen. Oder: Ich öffne ein PDF, lese die Informationen durch,
drucke den Text aus, schließe die Datei und – bin wieder
»weg vom Fenster« und muss erst wieder meinen Internet-
Browser öffnen.

■ Beim nächsten Relaunch Ihrer Website können Sie auch daran denken, die Site für Smartphones optimieren zu lassen.

ÜBER DIE WEBSITE HINAUS

Jetzt also steht Ihre Website im Netz. Wie und wo werben Sie für sie?

Website überall bewerben

Ihre Website bewerben Sie überall: Und zwar mit und auf allen Kommunikationsmitteln, die Sie herausgeben: in Ihrer Broschüre, auf der Visitenkarte und auf Ihrem Briefpapier – auch auf der Zweitseite! Dann auch auf Seminarunterlagen, auf Give-aways wie Blöcken, Bleistiften, Feuerzeugen etc. Auf einem Werbebanner am Messestand, auf dem Büroschild, in Anzeigen. Und wenn Sie nach einem Workshop eine CD mit den Trainingsergebnissen für Ihre Kunden brennen (lassen), dann drucken Sie dazu gleich CD-Aufkleber mit Ihrem Logo und Ihrer Webadresse.

Suchmaschinen-optimierung über Stichwörter / Keywords

Texten für das Internet bedeutet: Texten für die zwei wichtigsten Suchmaschinen. Suchmaschine Nummer 1: Ihr Leser, der Seiten durchforstet, nach Argumenten und Begriffen sucht, die ihm wichtig sind. Suchmaschine Nummer 2: Google. Im Zweifelsfall gilt: Ihre Website sollte für menschliche Leser verständlich sein. Denn das wichtigste Kriterium für Suchmaschinen ist nach wie vor ein einzigartiger, qualitativ hochwertiger Inhalt.

Das zweitwichtigste Kriterium sind die relevanten Stichwörter in Überschriften, Zwischenüberschriften und Title Tags. Damit Sie für die Auswahl von Stichwörtern eine sichere Entscheidungsgrundlage haben, sollten Sie auf jeden Fall unter Ihren Kunden eine Umfrage starten: »Unter welchem Suchbegriff würden Sie nach meiner Dienstleistung suchen?«

Internet-Verlinkung und Datenbanken

Auch Plattformen, Netzwerke, Seminar- und Trainer-Datenbanken, Weiterbildungsmärkte und Communities können Sie nutzen. Die Qualität dieser Möglichkeiten möchte ich hier nicht diskutieren. Meine persönliche Erfahrung ist aber: Qualität geht vor Quantität. Anders gesagt: Besser ein Link zur Website eines

Trainers, der mich wirklich weiterempfiehlt, als Dutzende Links auf kostenlose Datenbankseiten.

Andererseits: Für Suchmaschinen macht durchaus auch Quantität Sinn: Seiten, auf die viele Links verweisen, erreichen in den Suchmaschinen eine bessere Platzierung. Dieses Ranking können Sie noch verbessern, indem Sie beachten: Links von wichtigen Websites (»Hubs«, »Authority Sites«) und Links von thematisch verwandten Seiten haben mehr Gewicht für Suchmaschinen.

Wenn Sie auf unterschiedlichen Sites Ihr Profil und / oder eine Kurzbeschreibung Ihres Angebots einstellen, dann gilt auch hier: einheitliches »Wording«, also einheitliche Berufsbezeichnung, Produktdarstellung, Nutzenargumentation.

9. DEN TBC-STIL VERABSCHIEDEN

Was halten Sie davon?

- »Die zunehmende Ausschöpfung von Potenzialen und ein verstärkter übergreifender Wettbewerb prägen die Märkte unserer Zeit.«
- »Menschen und Organisationen befinden sich in einem beständigen Entwicklungsprozess.«
- »Der Vortrag soll zunächst einen Überblick über die Entwicklung einzelner Funktionsbereiche geben.«
- »Wir begleiten Veränderungsprozesse.«

Achtung: Ansteckungs-gefahr! Diesen Stil nenne ich den TBC-Stil. Der TBC-Stil ist ansteckend. Wer sich nicht schützt und seine Abwehrkräfte nicht aktiviert, der ist schon bald infiziert. Hauptursache für den Ausbruch der Krankheit: eine Sprache, die um Methoden, Angebot, Person des Anbieters kreist und die Kunden außer Acht lässt. Diese Sprache ist auf alles Mögliche orientiert, bloß nicht auf die Kunden.

TBC-Stil ist methoden-orientiert Ob NLP-Sprache, therapeutische Sprachfloskeln (»wahr-neh-men«) oder systemische Mode-Formulierungen (»eine gute Lö-sung finden«): Der Versuch, über Methodenorientierung Kom-petenz auszustrahlen, funktioniert nur innerhalb der eigenen Peer Group. Methodenverkauf beweist: Der Dienstleister ist ge-fangen in Innensicht und Nabelschau. Sie kennen das: Der Ver-käufer im Baumarkt spricht nur über die technischen Details der Bohrmaschine, der Organisationsentwickler ist verliebt in seine Methode. Und der Kunde? Steht daneben und langweilt sich.

TBC-Stil ist zu allgemein Wenn die Zielgruppe nicht scharf genug definiert ist, muss Spra-che zwangsläufig ebenso unscharf bleiben. Ein Text, der alle »kleine und mittlere Unternehmen« anspricht? Eine Broschüre, die »den Vertrieb« oder »Führungskräfte« quer durch alle Branchen ins Visier nimmt? Eine Seminarbeschreibung für »alle, die beruflich telefonieren«? Kein Wunder dass das nicht funktioniert: Wenn alle gemeint sind, fühlt sich niemand angesprochen.

Anbieterorientierte Sprache erkennt man leicht am WIR-Stil: »WIR verstehen uns als Berater für kurzfristige und langfristige Einsätze.« »WIR gestalten Prozesse.« »Im Zentrum UNSERER Arbeit steht das Seminar ›Kommunikation‹«. Nur: Wo bleibt da der Kunde? Wo findet er einen Platz, wenn im Zentrum bereits »das Seminar« steht?

TBC-Stil ist anbieterorientiert

Das ist die mit Abstand häufigste Variante des TBC-Stils: Die Orientierung auf Mitbewerber führt zum Abschreiben und Abgrenzen. Trainer, Berater, Coaches: Sie alle sind es gewohnt, fleißig die Fachpresse zu lesen, die Website der Mitbewerber zu besuchen, sich zu vernetzen – und dann, mal mehr, mal weniger offensichtlich, voneinander abzuschreiben.

Sprache ist mitbewerberorientiert

Folglich steht in jeder zweiten Trainerbroschüre: »Wir orientieren uns auf das spezifische Unternehmenssystem« oder »Wir gehen ziel-, lösungs-, ressourcen-, system- und erfolgsorientiert vor.« Und natürlich »Wir bieten maßgeschneiderte Trainings.« Aussagen, die etwa so spannend sind wie: »Der neue Mercedes: Mit vier Rädern auf der Straße.«

Abschreiben und Abgrenzen

Neben dem Abschreiben gibt es eine weitere Virusvariante: das ängstliche und zugleich faszinierte Starren auf den Mitbewerber und den Versuch, sich ihm gegenüber um jeden Preis abzugrenzen. Das Resultat sind lange, pseudowissenschaftliche Sätze, die beeindrucken sollen. Wen? Die Mitbewerber, die Ausbilder, die Kollegen aus der Trainer- oder Coachingausbildung.

So etwas sollten Sie vermeiden: »Ziel ist die Befähigung der Teilnehmer zur effektiven, kooperativen und respektvollen Lösungsfindung in Problemsituationen von komplexen Beziehungssystemen mit Hilfe von systemischen Methoden.«

Den TBC-Stil kurieren: Blickrichtung ändern Die erste und wichtigste Kurmaßnahme: Ändern Sie Ihre Blickrichtung. Blicken Sie nicht auf die Mitbewerber, nicht auf die Kollegen, nicht auf Ihren Methodenwerkzeugkasten – blicken Sie direkt auf Ihre gut fokussierte Zielgruppe.

Ihr Blick gilt den Kunden, den Menschen, ihren Wünschen, Problemen, Bedürfnissen. Und: Überprüfen, überarbeiten und kurieren Sie Ihren Stil.

EINE WÜRDE-LOSE SPRACHE: FLOSKELN VERMEIDEN

Floskeln schleichen sich gerne am Anfang oder im letzten Satz eines Briefes ein. Und dann sieht der Brief so aus:

Sehr geehrte Frau Müller,

bezugnehmend auf das mit Ihnen geführte Telefonat erlauben wir uns, Ihnen in der Anlage Informationen über unser Angebot zu übersenden. Der Text für die Seminarbeschreibung folgt in Kürze. (…)
Zur Klärung etwaiger Rückfragen stehen wir Ihnen jederzeit zur Verfügung und verbleiben

mit freundlichen Grüßen

Thorsten Trainer

PS: Wir würden uns freuen, Sie am Messestand begrüßen zu dürfen.

Das lässt sich nun wirklich besser machen:

So wird der Brief kurz und leserfreundlich:

TIPP

- Beginnen Sie mit »Danke« statt »bezugnehmend«.
- Vermeiden Sie umständliche Formulierungen, zum Beispiel: »das mit Ihnen geführte Telefonat«.
- »Telefongespräch« klingt freundlicher als »Telefonat«.
- Schreiben Sie einfach statt doppelt gemoppelt: »senden« oder »schicken« statt »übersenden«, »Fragen« statt »Rückfragen«.
- Beziehen Sie die Leser ein und werden Sie konkret: »Den Text für die Seminarbeschreibung erhalten Sie bis Ende November.«
- Grüßen Sie mit »beste Grüße«, »viele Grüße«, »freundliche Grüße« – aber nicht »mit freundlichen Grüßen«.
- Deutsch im Brief ist eine würde-lose Sprache: Schreiben Sie im Indikativ, lassen Sie »würde« Formulierungen weg, freuen Sie sich einfach!

Und so schaut Ihr Brief dann aus:

> Sehr geehrte Frau Müller,
>
> danke für das nette Telefongespräch. Wie ver-
> sprochen: Hier sind Ihre Unterlagen. Den Text für
> die Seminarbeschreibung erhalten Sie bis Ende
> November. (…)
> Haben Sie Fragen? Rufen Sie uns an, wir sind gerne
> für Sie da. Telefon: 0123/456789.
>
> Viele Grüße
>
> *Carsten Coach*
>
> PS: Wir freuen uns auf Ihren Besuch auf der xy-Messe.
> Sie finden uns in Halle 1, Stand 23.

Die folgenden Beispiele zeigen Ihnen, wie es nicht geht – und wie es besser ist. Anschließend können Sie eine Übung machen. Sie finden die Übung auf der CD – das gilt auch für alle weiteren Übungen in diesem Kapitel.

- ■ **Statt so:** »Vielleicht haben sich für Sie Fragen ergeben, deshalb möchte ich Sie einladen, mich anzurufen, damit ich Ihnen bei der Klärung behilflich sein kann, zumal Sie mich zum Zeitpunkt Ihrer Anfrage wegen einer Seminarreise meinerseits nicht direkt erreichen konnten.«
- ■ **Besser so:** »Ich war einige Tage auf Seminarreise. Vielleicht haben sich in der Zwischenzeit Fragen ergeben. Rufen Sie mich einfach an, Telefon: 0123/456789. Gerne unterstütze ich Sie mit Informationen rund um mein Angebot.«

- **Statt:** »Bezüglich Ihres Anrufs«.
- **Besser:** »Herzlichen Dank für Ihren Anruf.«

- **Das ist auch nicht prickelnd:** »Etwaige Fragen beantworte ich Ihnen gerne.«
- **Besser ist:** »Fragen beantworte ich Ihnen gerne.« – »Bei Fragen bitte fragen.« Oder: »Für Ihre Fragen nehme ich mir gerne Zeit.«

Übung: »würde« vermeiden

Statt: »Ich würde mich freuen, Sie bei der Klärung Ihrer Fragen zu den Themen Personalentwicklung, Training, Coaching begleiten zu dürfen.«

_____

_____

Statt: »Wir würden uns freuen, wenn Sie auch weiterhin unsere Veranstaltungstermine veröffentlichen würden.«

_____

_____

MÖCHTEN UND VERSUCHEN, BITTEN UND DANKEN

Wenn Sie »versuchen«, jemanden anzurufen, dann ist noch lange nicht gewiss, ob Sie es auch tun.

Wenn Sie mich einladen »möchten«, haben Sie mich noch nicht eingeladen. Und wenn Sie bitten oder danken wollen, dann tun Sie das am besten direkt. Damit wird Ihr Stil nicht nur persönli-

Das Zauberwort heißt: »Bitte«

cher: Die Hauptinformation steht damit auch wirklich im Hauptsatz.

> **Das Zauberwort »Bitte« macht aus der Befehlsform eine freundliche Einladung: »Bitte melden Sie sich rechtzeitig zum Seminar an, am besten bis zum ...«**

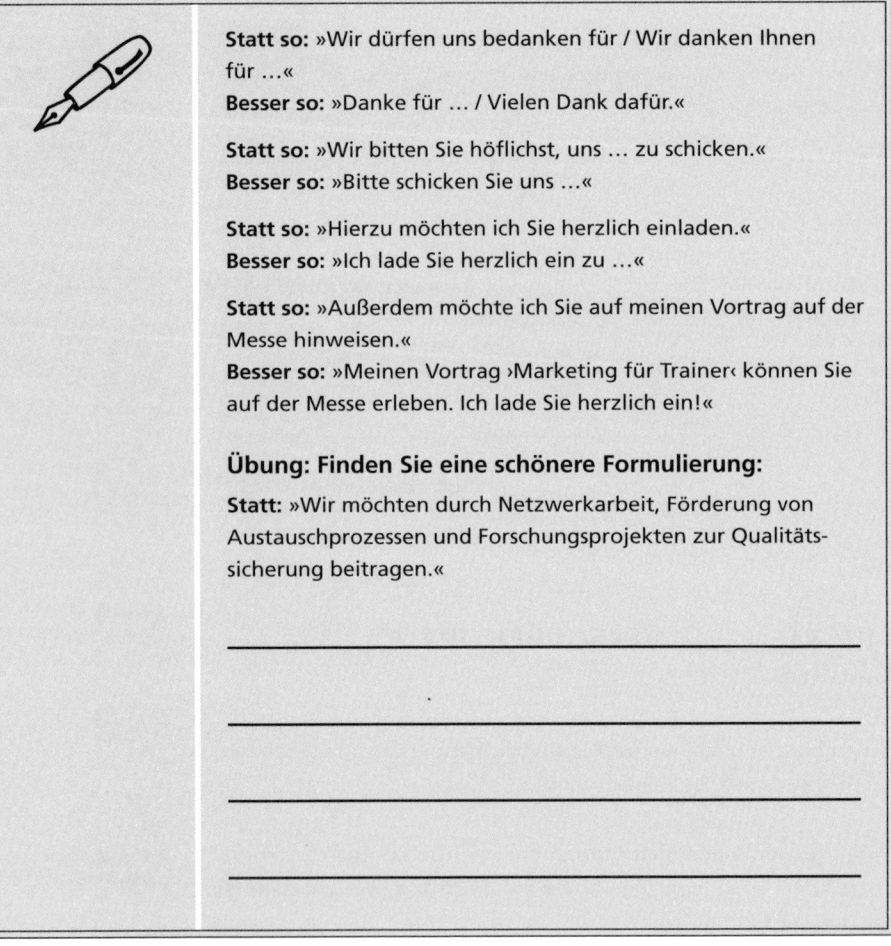

Statt so: »Wir dürfen uns bedanken für / Wir danken Ihnen für ...«
Besser so: »Danke für ... / Vielen Dank dafür.«

Statt so: »Wir bitten Sie höflichst, uns ... zu schicken.«
Besser so: »Bitte schicken Sie uns ...«

Statt so: »Hierzu möchte ich Sie herzlich einladen.«
Besser so: »Ich lade Sie herzlich ein zu ...«

Statt so: »Außerdem möchte ich Sie auf meinen Vortrag auf der Messe hinweisen.«
Besser so: »Meinen Vortrag ›Marketing für Trainer‹ können Sie auf der Messe erleben. Ich lade Sie herzlich ein!«

Übung: Finden Sie eine schönere Formulierung:

Statt: »Wir möchten durch Netzwerkarbeit, Förderung von Austauschprozessen und Forschungsprojekten zur Qualitätssicherung beitragen.«

_____

_____

_____

_____

MACHEN SIE MAL MEHR ALS EINEN PUNKT

Sie haben etwas Wichtiges zu sagen? Dann schreiben Sie es in einen Hauptsatz. Lange Sätze sind schwer lesbar. Nach mehreren eingeschobenen Nebensätzen gibt der aufmerksamste Leser auf.

Aus der juristischen und wissenschaftlichen Sprache kennen wir alle Satzungetüme (beinahe) ohne Ende. Auch in nobelpreisverdächtigen Romanen, die wir abends im Schein der Leselampe verschlingen, haben komplizierte Satzkonstruktionen ihren Platz. In Angeboten, Briefen, Prospekten gilt jedoch:

Im Hauptsatz steht die Hauptsache

Hauptsätze sind Ihre erste Wahl.

Denn im Hauptsatz geht es um die Hauptsache. Der Nebensatz erläutert, gibt Beispiele, illustriert. Als Faustregel gilt: Ein Satz, der mehr als zwei bis drei Zeilen umfasst, ist teilbar oder strukturierbar. Wie das geht?

1. Machen Sie möglichst kurze Sätze und einen Punkt.
2. Oder: Doppelpunkt und – Gedankenstrich. Übrigens: Nach dem Doppelpunkt geht es in der Regel in Großschreibung weiter.
3. Verwenden Sie Aufzählungen: Bitte schicken Sie uns diese Unter-lagen bis zum 12. Januar:
   - *xxxxx*
   - *yyyyy*
4. Verwenden Sie Klammern nach Möglichkeit nur am Satzende (denn dort unterbrechen sie den Satzfluss nicht).
5. Stellen Sie Beispiele nach, also zum Beispiel mit »und zwar«, »zum Beispiel«, »das bedeutet«, »also«.
6. Bringen Sie Rhythmus in Ihre Texte: Abwechselnd zwei kurze Sätze, dann einen längeren Satz mit Nebensatz, dann wieder zwei kurze Sätze.

Lange Sätze teilen oder strukturieren

Statt so: »Unser prozessbegleitendes Beratungsangebot im Bereich Organisationsentwicklung bietet Einzelpersonen, Gruppen, Teams und Organisationen in Problemsituationen oder mit Qualifizierungswunsch die Möglichkeit zur Selbstreflexion, Lösungsentwicklung und Etablierung einer eigenen Lernkultur in einem von uns speziell auf ihre Bedürfnisse zugeschnittenen Prozess.«

Besser so: »Unser prozessbegleitendes Beratungsangebot im Bereich Organisationsentwicklung: Für Einzelpersonen, Gruppen, Teams und Organisationen in Problemsituationen oder mit Qualifizierungswunsch. Sie gewinnen die Möglichkeit zur Selbstreflexion, Sie entwickeln Lösungen und etablieren eine eigene Lernkultur – passgenau für Ihre Situation, Ihren Bedarf.«

Übung: Kreative Punkte setzen

Statt: »Die Beobachtungen zur organisatorischen Struktur, zur Führung, zur Kundenansprache etc. werden mit den Unternehmenszielen in Beziehung gesetzt, um erforderliche Weiterentwicklungen der Unternehmenskultur und der Unternehmensziele sowie der mit ihnen in Beziehung stehenden Prozesse zu ermöglichen.«

_____

_____

_____

_____

_____

VERBALES KLAMMERN BEENDEN

Deutsche Sätze können ziemlich lang werden, die Leser verlieren den Überblick, wenn das entscheidende Verb, das entscheidende Argument erst weit hinten, im Nebensatz, am Schluss, ... steht.

Eine weitere Unklarheit entsteht durch die Verbklammerung: »Den Trainingspartnern *sollte* bis zum 18. Juni ein Vorschlag über ein Transferkonzept zur Sicherung der Trainingsergebnisse einschließlich der dazu anzusetzenden Trainingsinhalte und -tage *unterbreitet werden.*«

Unangenehm: Verbales Klammern

Enthält der Satz Ziffern, Konto- oder Telefonnummern und Datumsangaben? Dann wird es gerne besonders leserunfreundlich. Oder hörerunfreundlich, wie wir alle von verschiedenen Anrufbeantwortern wissen: »In dringenden Fällen <u>rufen</u> Sie mich bitte unter meiner Handy-Nr. 0171/123456 <u>an</u>.«

Klammern erschweren Verständnis

Lösen Sie solche verbalen Klammern auf. Das ist im Fall »Handy« ganz einfach: »In dringenden Fällen rufen Sie mich bitte unter meiner Handy-Nr. an: 0171/123456.«

■ **Statt:** »Wir verfügen über das erforderliche Know-how, Sie in den Projektphasen
- Konzeption, Planung,
- Moderation, Monitoring
- Projektumsetzung
- oder Evaluation

erfolgreich zu begleiten.«

■ Besser: »Wir verfügen über das erforderliche Know-how, Sie in diesen Projektphasen erfolgreich zu begleiten:
- Konzeption, Planung
- Moderation, Monitoring
- Projektumsetzung
- Evaluation«

■ **Statt:** »Unsere nächste Info-Veranstaltung zum Thema Coaching in der sozialen Arbeit findet am 23. November von 16 bis 18 Uhr im Sitzungssaal der Volkshochschule statt.«

■ **Besser:** »Unsere nächste Info-Veranstaltung zum Thema Coaching in der sozialen Arbeit findet statt am 23. November von 16 bis 18 Uhr im Sitzungssaal der Volkshochschule.«

Übung: Klammer auflösen

Statt: »Das nächste Einstiegsseminar in München findet am Freitag, den 6. Juni, von 10.00 bis 16.00 Uhr in München statt.«

_____

_____

_____

_____

VERBALSTIL BRINGT KONTAKT

»Teamcoaching, um mit Hilfe eines Coachs die Lösungsfindung für eine aktuelle Fragestellung zu erreichen.«

Wenn Sie Distanz schaffen wollen, dann wählen Sie den Nomi- **Nominalstil schafft** nalstil. Wenn Sie Ihren Lesern, Ihren Kunden hingegen etwas **Distanz, Verbal-** vermitteln wollen, etwas mitteilen, sie informieren, sich bedan- **stil vermittelt** ken, etwas erläutern – dann wählen Sie einen Stil, der vor allem Verben einsetzt. Nominalstil erkennen Sie meist an einer Häufung von Hauptwörtern / Nomina mit den Endungen:

- ▪ -ung: Lösungsorientierung, Maßnahmenableitung, Maßnahmendurchführung
- ▪ -heit: Vernetztheit
- ▪ -keit: Zielgenauigkeit

Schwer verständlich wird es auch bei einer Häufung von abs- **Fremdwörter** trakten Fremdwörtern, zum Beispiel: Synergie, Innovation, Kon- **müssen nicht sein** text, Analyse, Evaluation, Potenzial, Reflexion.

- **Statt:** »Bei Verhinderung ersuchen wir um schriftliche Stornierung.«
- **Besser:** »Wenn Sie an diesem Termin verhindert sind, stornieren Sie bitte schriftlich.«

- **Statt:** »Coaching dient
  - zur Weiterentwicklung der kommunikativen Kompetenz
  - zur Klärung und Entwicklung beruflicher Entwicklungs-ziele
  - zur Stressbewältigung und zur Bewältigung von Konflikten«
- **Besser:** »Im Coaching
  - entwickeln Sie Ihre kommunikative Kompetenz
  - klären und entwickeln Sie Ihre beruflichen Ziele
  - bewältigen Sie Stress und Konflikte«

- **Statt:** »Die Analyseverfahren decken Potenziale in Ihrem Unternehmen auf und stehen für eine hohe Effizienz und Zielgenauigkeit der Maßnahmenableitung sowie der Maßnahmendurchführung zur Erreichung Ihrer Unter-nehmensziele.«
- **Besser:** »Die Analyseverfahren decken Potenziale in Ihrem Unternehmen auf. Daraus entwickeln wir effiziente und ziel-genaue Maßnahmen, die wir so durchführen, dass Sie Ihre Unternehmensziele direkt ansteuern und exakt erreichen.«

Übung: Verbalstil nutzen

Statt: »Die Verantwortung für die Gestaltung des Verände-rungsprozesses in den Phasen Auftragsklärung, Zielentwick-lung, Umsetzung, Reflexion, Dokumentation, Evaluation und Transfer liegt bei uns.«

_____

_____

WENN SEMINARE ZU VIEL WOLLEN

»Der Vortrag soll zunächst einen Überblick über die Entwicklung einzelner Funktionsbereiche geben.« Oder: »Seminarziel ist die kreative Gestaltung Ihrer Möglichkeiten, die sich für Sie aus Teamarbeit ergeben.«

»Es ist Ziel des Seminars …«, »dieser Kurs will …« – solche und ähnliche Formulierungen zeigen: Hier wird absenderbezogen gedacht und getextet.

**Empfänger-
bezogen texten**

**Wechseln Sie die Perspektive, schalten Sie um auf
Kundensicht.**

- **Statt:** »Es ist Ziel des Seminars ...«
- **Besser:** »Im Seminar erfahren Sie ...«

- **Statt:** »Im Zentrum unseres Angebots steht das Seminar xy.«
- **Besser:** »Speziell für Sie (Ihre Branche) haben wir das Seminar xy entwickelt.«

- **Statt:** »Ein wesentliches Ziel des Coachings ist es, dass die Teilnehmer später die eingesetzten Lösungsinstrumente selbst einsetzen können.«
- **Besser:** »Die Lösungsinstrumente, die sich die Teilnehmer erarbeiten, können sie im Anschluss an das Coaching sofort im Führungsalltag einsetzen.«

- **Statt:** »Coaching hat das Ziel, Lösungen für zwischenmenschliche Konflikte zu erarbeiten und Regeln der Zusammenarbeit zu überprüfen und zu optimieren.«
- **Besser:** »Im Coaching erarbeiten Sie Lösungen für zwischenmenschliche Konflikte. Sie überprüfen und optimieren die Regeln der Zusammenarbeit im Team.«

Übung: Teilnehmer in den Mittelpunkt rücken

Statt: »Im Seminar werden berufliche Themen weiterentwickelt.«

_____

_____

Statt: »Dieses Seminar vermittelt Wissen über Persönlichkeitssignale und motiviert dazu, die eigenen Signale zu erkennen und in Übereinstimmung mit der Persönlichkeit gezielt einzusetzen.«

_____

_____

ZU: SCHWACH

Endlich wird es konkret, präzise, endlich werden die Nutzenpunkte aufgeführt:

- »Ziel der Veranstaltung ist es:
  - *Arbeitsbeziehungen und Prozessabläufe zu reflektieren und zu optimieren*
  - *vorhandene Potenziale und Ressourcen nutzbar zu machen*
  - *eigene kreative Ressourcen zu erproben und weiterzuentwickeln*«

Aber: Die schönen Nutzenargumente werden prompt mit der In-finitivkonstruktion mit »zu« abgeschwächt.

Schwacher Infinitiv

»Zu« plus Infinitiv aktiviert nicht und verhindert die Identifikation des Lesers.

Übrigens: Dieses Symptom tritt häufig auf in Verbindung mit: »Ziel des Seminars ist es … berufliche Kompetenz und Außenwirkung in Einklang zu bringen.« Und vergleichen Sie einmal: Durch welche Sätze fühlen Sie sich direkt angesprochen?

- »Coaching ermöglicht Ihnen, Ihre berufliche Rolle zu klären.«
- »Im Coaching klären Sie Ihre berufliche Rolle.«

Sprechen Sie Nutzenversprechen direkt aus, sprechen Sie Ihren Leser direkt an.

- **Statt so:** »In diesem Seminar haben Sie Gelegenheit
  - Problemlagen sorgfältig zu analysieren,
  - Zusammenhänge und Wechselwirkungen zu reflektieren,
  - Chancen und Risiken abzuwägen und
  - Ziele und Strategien zu entwickeln.«

- **Besser so:** »In diesem Seminar können Sie
  - Problemlagen sorgfältig analysieren
  - Zusammenhänge und Wechselwirkungen reflektieren
  - Chancen und Risiken abwägen und
  - Ziele und Strategien entwickeln.«

Übung: Das »zu« vermeiden

Statt: »Coaching ermöglicht Ihnen

- Ihre berufliche Rolle zu klären
- Ihre beruflichen Ziele zu präzisieren
- aktuelle Konflikte zu verstehen
- angemessene Lösungen zu erarbeiten sowie
- sich auf neue Aufgaben vorzubereiten.«

COACHING IST …

- »… eine professionelle Form der Einzelberatung für Führungskräfte.«
- »… eine Kombination aus individueller Beratung, persönlichem Feedback und praxisorientiertem Einzeltraining.«
- »… eine individuelle Form der Beratung und der Reflexion, die sich speziell mit beruflichen Themen befasst.«
- »… eine Mischung von prozessbegleitender Beratung, zielorientierter Anleitung und handlungsorientiertem Training.«

Ja was denn nun? Hier wird wertvoller Platz verschwendet. Und das mindestens fünf Jahre, nachdem nun wirklich jeder Personalchef, jeder Bildungseinkäufer, ja sogar jeder halbwegs aufgeweckte Privatmensch weiß, was Coaching ist. Außerdem: Wenn jedes »Coaching ist«, dann gilt das für alle Coachs. Wo bleibt da die Alleinstellung?

Platzverschwendung und uninteressant

Was ist stattdessen interessant? Nun: Eine konkrete, präzise Darstellung, wie Sie persönlich Coaching einsetzen, was Ihre Kunden von Ihrer Art zu coachen erwarten können, welche Kunden besonders von Ihrem Coaching profitieren. Also mindestens:

Konkret, anschaulich und präzise

- »Coaching bei mir ist …«
- »Wenn Sie zu mir ins Coaching kommen …«
- »Mein Ansatz ist …«
- »Ich nutze speziell …«

Das Beispiel zeigt, wie Sie präzise »Ihre« Coachingphilosophie auf den Punkt bringen.

COACHING
Eine Partnerschaft, die Sie unterstützt

Sie haben eine Vision, die Sie erfolgreich umsetzen möchten.
Sie befinden sich in einer Phase der Veränderung.
Sie ärgern sich über etwas, was Sie schon immer ändern wollten.

Sie brauchen einen Sparringspartner, der Ihrem Niveau entspricht und Ihnen klares und konstruktives Feedback gibt.

Ich verfüge über eine fundierte Ausbildung zur Systemischen Business Coach (SBC®) und bin zertifiziert nach dvct und Mitglied im ICF-Amerika und -Deutschland. Die Kriterien für die Mitgliedschaften finden Sie hier: www.dvct.de und www.coachfederation.org

Wie beginnt das Coaching?
Sie rufen mich an, Tel. 0123/45 67, oder schicken mir eine E-Mail und wir vereinbaren ein Kennenlern-Gespräch.

Wie geht es weiter?
In diesem Gespräch erläutern Sie mir Ihre Ziele. Sie lernen mich persönlich, die Abläufe im Coaching-Prozess und meine Arbeitsweise kennen.

Wie arbeiten wir?
Wir vereinbaren eine Zusammenarbeit nur dann, wenn wir beide sicher sind, dass eine offene, konstruktive und vertrauensvolle Arbeit möglich ist.

Dann bin ich für die vereinbarte Wegstrecke Ihr Sparringspartner, konfrontiere Sie mit dem, was ich wahrnehme, und unterstütze Sie bei der Erreichung Ihrer beruflichen und privaten Ziele.

Gisela Weber

WIR: KEIN STIL

»Wir sind ein Consulting- und Trainingsunternehmen …« Oder: »Sie« und »Wir«
im Wechsel
»Wir sind ein international tätiges Beratungs-, Trainings und
Coachingunternehmen mit mehr als 20 Jahren Erfahrung im In-
house-, Industrie- und Business- sowie im offenen Trainingsbereich.« Und schließlich: »Wir sind ein mittelständisches Bera-
tungsunternehmen und erarbeiten seit mehr als 15 Jahren mit
unseren Kunden zukunftsweisende firmenspezifische Lösungen
sowohl für die Industrie als auch für den Dienstleistungsbe-
reich.«

Vorsicht mit dem Wir-Stil. Gehäufter Wir-Stil lässt den Eindruck
entstehen, dass WIR uns sehr wichtig nehmen.

**Wechseln Sie ab zwischen der kundenorientierten Sicht des
Sie-Stils und Ihrer Position als Anbieter. Nehmen Sie so einen
Dialog mit dem Leser auf:**

- **Sie brauchen – Wir bieten**
- **Sie erhalten – Gemeinsam erarbeiten wir**
- **Am Ende haben Sie folgenden Nutzen: …**

- **Statt so:** »Wir verstehen uns als Problemlöser/Partner …«
- **Besser so:** »Sie können sich auf uns verlassen: Als Problemlöser stehen wir Ihnen zur Seite.«

- Statt so: »Wir verstehen uns als Berater für kurzfristige und langfristige Einsätze.«
- Besser so: »Dabei können Sie uns für kurz- oder langfristige Einsätze buchen.«

Übung: Das »Wir« vermeiden

Statt: »Wir entwickeln kundenspezifische Beratungs- und Trainingsmodule zur Entwicklung kommunikativer Kompetenzen im beruflichen Kontext.«

_____

_____

_____

DEN PROZESS VERMEIDEN

- »Menschen und Organisationen befinden sich in einem ständigen Entwicklungs- und Veränderungsprozess.«
- »Wir gestalten Prozesse.«
- »Wir gehen davon aus, dass alles Geschehen prozesshaft ist.«

Der Prozess, aber nicht von Kafka Mit dem Hinweis auf den »Prozess« wähnen sich viele Trainer, Berater, Coachs auf der sicheren Seite. Manche meinen wohl auch, so könnten sie sich um die klare Aussage herumdrücken, wie lange es dauert und was es kostet, wenn sie tätig werden. Denn: Das Ganze ist eben prozesshaft, »ein Prozess«.

Was beim Leser hängen bleibt: Bevor wir auch nur einen Schritt nach vorne kommen, stecken wir im Prozess fest. Das kann ganz schön dauern. Erst der Prozess der Auftragsklärung, dann der Prozess der Implementierung, dann der Prozess der Umsetzung, schließlich der Prozess der Evaluation. Und das alles ohne Prozesskostenhilfe.

Die einzelnen Prozessphasen lassen sich konkret veranschaulichen und aktiv formulieren, so dass die Leser das Gefühl haben: Mit diesem Partner geht etwas voran.

Versuchen Sie es doch einmal so:

- Auftragsklärung und Analyse: Wir vereinbaren konkrete Ziele.
- Realisierungsidee: Wir entwickeln eine Rahmenstrategie, die Zeitebenen, Bedingungen und Möglichkeiten berücksichtigt.
- Integration und Vorbereitung: Wir vernetzen die Maßnahmen im Rahmen der festgelegten Spielräume und Aktionsebenen.
- Realisierung: Wir setzen die Qualifizierungsmodule um.
- Transfer: Wir steuern den Transfer und sichern so die Projektkontinuität.
- Evaluation: Wir bewerten die Ergebnisse auf der Basis der Ausgangskriterien. Das gewährleistet die nachhaltige Entwicklung.

BEISPIEL

AKTIV- STATT PASSIVFORMULIERUNGEN

Hier werden Sie trainiert »Um zu der Fortbildung zugelassen zu werden, muss an einem Einführungs- und Auswahl-Seminar teilgenommen werden.« Passiv macht Texte langweilig, bürokratisch, unpersönlich und abschreckend.

Aktiv ist leichter verständlich, freundlicher und in der Regel auch kürzer.

Statt so: »Der genaue Ort wird Ihnen bekannt gegeben.«
Besser so: »Wir informieren Sie über den genauen Ort.«

Statt so: »Die Gebühr ist von den Teilnehmern vor Seminarbeginn zu überweisen.«
Besser so: »Bitte überweisen Sie die Gebühr vor Seminarbeginn.«

Statt so: »Darüber hinaus werden verschiedene aktuelle Aspekte des Bildungscontrollings diskutiert.«
Besser so: »Darüber hinaus diskutieren wir aktuelle Aspekte des Bildungscontrollings.« Oder auch: »Darüber hinaus diskutieren Sie mit renommierten Experten aktuelle Aspekte des Bildungscontrollings.«

Statt so: »Eingeladen zu diesem Angebot sind Teilnehmer unserer bisherigen Seminare.«
Besser so: »Im Seminar ›Wie führe ich meinen Chef?‹ haben Sie alles über den täglichen Kleinkrieg im Büro erfahren. Exklusiv für Sie als ehemaligem Seminarteilnehmer haben wir nun ein Follow-up konzipiert: ›Wie führe ich meine Kollegen?‹. Dazu laden wir Sie herzlich ein.«
Ja, das ist etwas mehr Aufwand und eine Herausforderung an Ihre Dokumentation und Ihre Datenbank – aber es lohnt sich!

Übung: Werden Sie aktiv!

Statt: »Es wird ein neues Konzept vorgestellt, an konkreten Fällen durchgespielt und mit Personalentwicklung und Nachwuchsführung in Beziehung gesetzt.«

_____

_____

_____

Statt: »In dieser Veranstaltungsreihe werden Ihnen verschiedene Themen von Experten informativ aufbereitet.«

_____

_____

_____

Statt: »Am Beispiel eines Praxisprojekts werden sowohl die grundlegenden organisationspsychologischen Konzepte als auch die Phasen, Chancen und Probleme bei der Implementierung von Personalentwicklungsinstrumenten behandelt.«

_____

_____

_____

WEG MIT DEN REIZWORTEN

Zugegeben, nicht immer läuft alles reibungslos: Zum Beispiel gibt es Terminschwierigkeiten oder Probleme mit dem Transfer. Die Welt ist eben nicht perfekt. Das wissen wir alle.

> **Das Problem ist nicht das Problem. Das Problem ist der Umgang damit – falsche oder mangelnde Kommunikation.**

Formulierungen, die den Kunden ärgern

Damit können Sie die Kunden so richtig verärgern:

- Druck ausüben und Verantwortung abwälzen: »müssen«, »sind gezwungen, gehalten, veranlasst« – das suggeriert: »Mein Chef steht mit der Peitsche hinter mir!«
- mit Kundenreizworten würzen: »aber, nur, erst, jedoch, hoffentlich, zu gegebener Zeit, gewähren, beachten, generell«
- mit Krokodilstränen garnieren: »leider«

Apropos Reizworte: Wenn Sie für Ihr Institut Bewerbungen erhalten, dann bedenken Sie, dass niemand gerne eine Belastung ist. Streichen Sie also »zur Entlastung«: »Ihre Bewerbungsunterlagen senden wir Ihnen ~~zu unserer Entlastung~~ zurück.«

Statt so: »Heute können wir Ihnen noch keine Prospekte zuschicken.«
Besser so: »Sie erhalten nächste Woche die druckfrischen Prospekte.«

Statt so: »Wir versuchen, Ihnen die Dokumentation bis nächsten Mittwoch zu schicken.«
Besser so: »Wir schicken Ihnen die Dokumentation bis nächsten Mittwoch.«

Und wenn Sie sich nicht sicher sind, ob Sie es bis Mittwoch schaffen? Dann planen Sie einen Zeitpuffer ein und überraschen Sie Ihre Kunden damit, dass Sie es früher als angekündigt schaffen.

Statt so: »Das Angebot müssten Sie bis nächsten Mittwoch haben.«
Besser so: »Das Angebot erhalten Sie bis spätestens Donnerstag.«

Statt so: »Ein früherer Termin ist leider nicht möglich. Die Trainingstage sind bereits verplant. Ich kann Ihnen nur einen Termin im April anbieten, den wir aber noch abstimmen müssen. Ich melde mich zu gegebener Zeit wieder bei Ihnen.«
Besser so: »Im zweiten Quartal kann ich Ihnen gerne einige Trainingstage reservieren.«

Statt so: »Genaue Daten kann ich Ihnen noch nicht nennen.«
Besser so: »In KW 12 melde ich mich bei Ihnen mit den genauen Daten.«

Statt so: »Noch einmal möchte ich mich für die Unannehmlichkeiten entschuldigen.«
Besser so: »Bitte entschuldigen Sie die Unannehmlichkeiten.«

Übung: Auf den Kunden zugehen

Statt: »Die Trainingsunterlagen kann ich Ihnen erst ab Mitte August schicken.«

_____

_____

_____

Statt: »Nach langer Zeit der Preisstabilität muss ich meine Preise der allgemeinen Preisentwicklung anpassen und muss auch meinem immer weiter steigenden Aufwand für meine Fortbildungen Rechnung tragen.«

_____

_____

_____

AUSSCHREIBEN STATT ABKÜRZEN

»Wir nehmen Bezug auf das mit Ihnen geführte Gespräch bzgl. der Fortsetzung der o. g. Trainingsreihe in Ihrem Hause.« Abkürzungen bedeuten nicht das Gleiche wie Langformen. Zu diesem Thema habe ich vor Jahren meine Magisterarbeit geschrieben (Titel: »Abkürzungs- und Kurzwörter als semantisches Problem«). Wichtigste Erkenntnis der Untersuchung: Verändert sich die Form, verändert sich auch der Inhalt. Oder etwas wissenschaftlicher ausgedrückt: Abkürzungen und Kurzwörter tendieren zu einer eigenen Bedeutungsentwicklung.

m.f.G. ist kein Gruß, sondern die Abkürzung einer Grußformel.

Die DIN 5008 unterscheidet zwischen

1. Abkürzungen, die wie selbstständige Wörter gesprochen werden, also »Kfz«, »GmbH«, »EDV«, »NLP«, »PDF« und »MBA«. Diese Abkürzungen sind in der Regel kein Problem, wenn ihre Bedeutung Schreibenden *und* Lesern bekannt ist.
2. Abkürzungen, die im vollen Wortlaut der Langform ausgesprochen werden, also »zum Beispiel«, geschrieben »z.B.«. Solche Abkürzungen sollten Sie so weit wie möglich vermeiden:, insb., »pardon«, insbesondere die folgenden: *ggf., dergl., z.T., sog., evtl., u.U., o.Ä., o.g.*

Übrigens: Was bedeutet »u.A.w.g.«? Um Ausschreiben wird gebeten? Um Achtsamkeit wird gebeten? Um Acht wird gegessen? Nein, es bedeutet: »um Antwort wird gebeten« – und findet sich noch immer auf so mancher Einladungskarte. Das ist jedoch keine Bitte, sondern eine Zumutung. Schreiben Sie also besser so:

- »Vielen Dank für Ihre Antwort (bis zum …)«
- »Ich freue mich auf Ihre Antwort (bis zum …)«
- »Bitte antworten Sie rasch. Danke!«

KONKRET WERDEN

»Im Seminar wenden wir kreative Methoden an.« – Das ist schön, aber welche genau? Handfeste Vorteile, charakteristische Methoden, praktische Tipps: Machen Sie das für Ihre Leser erlebbar, konkret. Also statt so: »eine lange Mittagspause« besser: »eine zweistündige Mittagspause« oder statt »attraktive Zahlungsbedingungen« lieber »3 Prozent Skonto«.

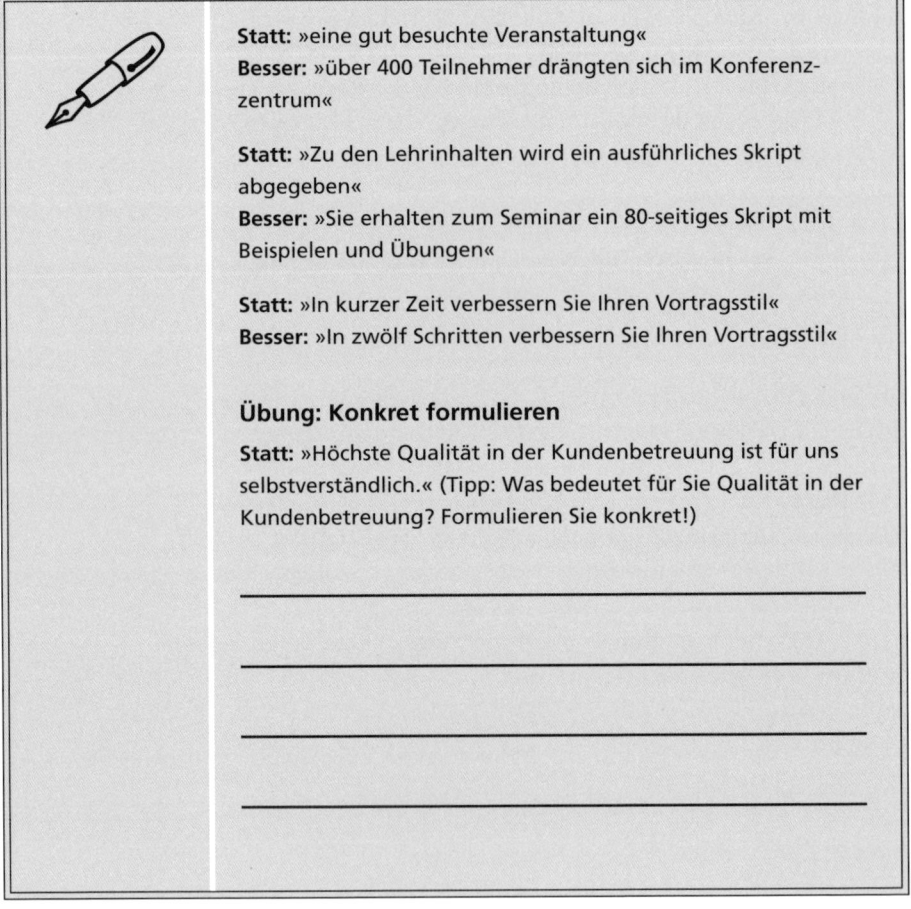

Statt: »eine gut besuchte Veranstaltung«
Besser: »über 400 Teilnehmer drängten sich im Konferenzzentrum«

Statt: »Zu den Lehrinhalten wird ein ausführliches Skript abgegeben«
Besser: »Sie erhalten zum Seminar ein 80-seitiges Skript mit Beispielen und Übungen«

Statt: »In kurzer Zeit verbessern Sie Ihren Vortragsstil«
Besser: »In zwölf Schritten verbessern Sie Ihren Vortragsstil«

Übung: Konkret formulieren

Statt: »Höchste Qualität in der Kundenbetreuung ist für uns selbstverständlich.« (Tipp: Was bedeutet für Sie Qualität in der Kundenbetreuung? Formulieren Sie konkret!)

DIENST-LEISTUNG VERDEUTLICHEN

Nicht immer findet die Trainings- oder Beratungs-Leistung direkt unter den Augen des Kunden statt. Vieles, was Sie für Ihre Kunden leisten, bleibt verborgen. Hier sind Sie, in Ihrem Büro. Dort sind Ihre Kunden – und sehen nicht, was Sie alles für sie in Bewegung setzen, recherchieren, konzipieren, mit wem Sie telefonieren, bei welchen Kollegen Sie nachfragen, welche Ihrer Netzwerkkontakte Sie für das Projekt nutzen.

Deshalb: Lassen Sie Ihre Kunden wissen, was Sie alles für sie tun.

Statt so: »Es hat sich herausgestellt …«
Besser so: »Sie haben uns gefragt nach … Ich habe mich für Sie erkundigt. … Wir haben für Sie recherchiert. … Ich habe mich darum gekümmert. Hier das Ergebnis: …«

Statt so: »Dieses Schreiben soll Sie darüber informieren, dass …«
Besser so: »Wir haben für Sie einige Informationen zusammengestellt.«

Statt so: »Gerne unterbreiten wir Ihnen folgendes Angebot: …«
Besser so: »Für Sie habe ich folgendes Angebot konzipiert /ausgearbeitet: …«

Übung: Die Lösung beschreiben
Statt: »Es wird sich eine Lösung finden …«

_____

_____

10. VOR, WÄHREND, NACH DEM TEXTEN: VIELE ARBEITSHILFEN UND EIN BESONDERER TIPP

Wie kommen Sie zu frischen, unverbrauchten, beeindruckenden Argumenten für Ihre Kunden? Wie machen Sie deutlich, welchen Nutzen Ihr Angebot bringt? Wie überprüfen Sie, ob Ihr Text wirkt?

 Dazu finden Sie in diesem Kapitel Hinweise und Übungen – zur Vorbereitung, zur Schreibphase, zur Überarbeitung und zu Ihrem Wort-Schatz. Die Übungen finden Sie auf der CD.

Gute Texte brauchen vor allem Zeit Viele Menschen unterschätzen immer wieder, wie viel Zeit ein guter Text braucht. Häufig sind sie überrascht, wenn sie erfahren, dass schon ein ganz »normales« Mailing etwa fünf Stunden Zeit braucht. Kein noch so genialer Texter hackt »mal schnell in einer halben Stunde« ein Mailing in den Computer. Außerdem: Diese fünf Stunden verteilen sich in der Regel über mehrere Tage, zum Beispiel am ersten Tag die Recherche, am zweiten Tag Konzept und Text und am dritten Tag die Überarbeitung. Umfangreichere Textprojekte erfordern natürlich umfangreichere Zeitpläne.

> **TIPP**
> 1. Nehmen Sie sich die Zeit, die ein guter Text eben braucht. Seien Sie geduldig mit sich selbst und überfordern Sie sich nicht.
> 2. Auch wenn Sie Profis beauftragen – ganz ohne Sie selbst geht es nicht. Planen Sie deshalb Zeit für Textentwicklung, Kreativprozesse, Besprechungen, Feedbackrunden und Überarbeitungsphasen ein.

> 3. Kalkulieren Sie die Zeit sorgfältig und nicht zu knapp –
> insbesondere wenn Sie Dienstleister wie Texter, Textcoach,
> Grafiker, Druckereien einbinden. Wenn Sie zwei Wochen vor
> dem Drucktermin mit dem Texten beginnen, ist es sicher zu
> spät.

VOR DEM TEXTEN: DIE VORBEREITUNG

Sammeln Sie kontinuierlich Informationen, die Sie für Ihre Text-arbeit verwenden können – auch wenn gerade kein aktuelles Textprojekt ansteht! Ich stelle Ihnen einige Instrumente dazu vor.

SAMMELN SIE O-TON

Aus dem ersten Telefonkontakt und aus Seminaren und Coa-chings können Sie O-Ton Ihrer Kundinnen und Kunden sam-meln:

- Welche konkreten Probleme und Wünsche haben die Menschen, wenn sie bei Ihnen anrufen?
- Was sagen die Teilnehmer am Anfang eines Kurses? (»Ich brauche ...«)
- Welche Fragen hören Sie häufig zu Ihrem Angebot? (»Ist das auch etwas für mich, wenn ...«)
- Was sagen die Teilnehmer am Ende eines Seminars? (»Jetzt kann ich endlich ...«)
- Welches Feedback erhalten Sie häufig? (»Das war wertvoll, weil ...«, »Ihre Art zu trainieren ist ...«)
- Welche »Kleinigkeiten« sind den Teilnehmern darüber hin-aus wichtig? (Essen im Seminarhaus, Vorbereitungsübungen, Wellness-Angebot des Hotels, Transfer-Unterstützung, ...)

LEGEN SIE LOB- UND DANK-ORDNER AN

Sammeln Sie unaufgeforderte Dankschreiben und Dank-E-Mails, die Sie von Ihren Kundinnen und Kunden erhalten. Darin finden Sie wertvolle Argumente. Zum Beispiel:

- »Hallo Herr Frosch, die Aktion kam sehr gut an. Rücklauf bereits über 20 Prozent in den ersten Tagen. Und ich weiß von einigen Empfängern, die sich gerade im Urlaub befinden. Zum Erfolg hat Ihr gelungener Text wesentlich beigetragen!«
- »Sehr geehrter Herr Frosch! Gerade bin ich dabei, mich in die Nachbereitung des Seminars von letzter Woche zu stürzen. Sie haben mir vieles an die Hand gegeben, was mir gute Dienste dabei leisten wird, meine Absichten und auch Möglichkeiten zu klären und mir ein eigenes Profil zu erarbeiten. Vielen Dank noch einmal dafür, nicht zuletzt für die harten Nüsse, die Sie uns zu knacken gegeben haben – über sich selbst etwas zu sagen, sich selbst darzustellen, das fiel den meisten von uns offensichtlich nicht gerade leicht.«

Übung 1: Schreiben Sie kreative Dankes-Briefe

Wie sehen die Vorteile und der Nutzen Ihrer Dienstleistung aus Kundensicht aus? Stellen Sie sich vor, Sie sind Ihr Lieblingskunde und schreiben einen begeisterten Dankes-Brief. Lassen Sie sich dabei von den folgenden Formulierungen inspirieren:

- »Meine Erwartungen, Wünsche wurden übertroffen ...«
- »Sie können stolz sein auf ...«
- »Sie sind besser, schneller, freundlicher als ...«
- »Ihre Stärken: ...«
- »Besonders genützt hat ...«

- »Das hat mir am meisten gebracht: …«
- »Ich werde Sie weiterempfehlen, weil …«

Übung 2: Texten Sie eine vergleichende Be-Werbung

Stellen Sie sich vor, für welches Unternehmen Sie gerne arbeiten
würden. Dann schreiben Sie diesem Lieblingskunden einen Brief,
in dem Sie Punkt für Punkt erklären, warum Sie besser sind als Ihr
Mitbewerber xy:

- »Ich bin besser als xy, weil …«
- »Ich gehe anders mit dem Thema um, weil …«
- »xy hat seine Stärken in … Ich dagegen bin stärker im …«
- »Mein Hintergrund … erlaubt mir …«
- »Meine Art zu trainieren ist im Gegensatz zu xy …«

So erhalten Sie eine Sammlung von Nutzenargumenten, die Sie
dann (ohne zu vergleichen) in Ihren Mailings und auf Ihrer Website
verwenden können.

Übung 3: Texten Sie eine Empfehlung

Schreiben Sie einem Freund einen Brief, in dem Sie einen Dienstleister empfehlen, der Sie voll und ganz überzeugt. Es spielt keine
Rolle, ob das Ihre Druckerei, Ihr Friseur oder Ihre Zahnärztin ist. Sie
werden in der Regel feststellen, dass das, was Sie bei anderen gut
finden, auch für Ihren Service und Ihre Art zu arbeiten zutrifft.

- Was überzeugt Sie?
- Was ist dort besonders?
- Warum sind und bleiben Sie dort Kunde?
- Was genießen Sie dort ganz besonders?

WÄHREND DES TEXTENS: DIE TEXTPHASE

Texten – jeder Ort ist geeignet Ihnen fällt am PC nicht viel ein? Vor dem Bildschirm sind Sie alles andere als kreativ? Überprüfen Sie Ihre Textgewohnheiten und finden Sie den Ort, an dem Sie am kreativsten sind. Das kann auf dem Balkon sein, auf der Terrasse, im Park unter Bäumen. Und: Manche Menschen können am PC oder Notebook texten, andere brauchen Bleistift, Tinte oder Farbstift, weißes Papier, Büttenpapier, Karteikarten, Moderationskarten oder Flipchart.

> **TIPP**
>
> Sie müssen noch nicht einmal schreiben. Gerade wenn Sie ein guter Redner sind: Stellen Sie Ihr Angebot einem Kunden vor – und nehmen Sie das Gespräch mit einem Diktiergerät auf.
> Oder: Sie gehen in Ihrem Büro auf und ab und diktieren einen Brief. Danach schreiben Sie das Ganze ab – und haben so Ihre erste Textversion verfasst.

Wenn Sie das Gefühl haben, dass Ihr Text nicht wirkt und nicht die gewünschte Resonanz erzielt – dann kann es daran liegen, dass Sie Ihre Leser nicht wirklich ansprechen. Denn oft werden Texte formuliert für »die Zielgruppe KMUs«, für »die Zielgruppe Führungskräfte«, für »die Zielgruppe Verkäufer«, für »die 500 Adressaten unserer Datenbank«, für »alle Kunden, die in diesem Jahr noch nichts gekauft haben«.

Sich ein Bild vom Kunden machen Die Folge: Mailings werden langweilig, Broschüren wirken unpersönlich, Seminarbeschreibungen sind anbieterorientiert, denn Formulierungen, mit denen alle gemeint sind, sprechen niemanden direkt an. Aber: Mit wem machen Sie Umsatz? Mit einer »Zielgruppe« oder mit ganz konkreten Kunden? Eben!

Visualisieren Sie beim Schreiben von Mailings, Broschüren und Seminarbeschreibungen einen konkreten Empfänger.

Am besten wählen Sie dafür einen Ihrer (potenziellen) Lieblingskunden. Während Sie formulieren, legen Sie sich ein Foto, mindestens aber die Visitenkarte oder ein Namensschild auf den Schreibtisch, neben das Blatt Papier oder den Computer. Von vielen Kunden finden Sie heute ein Foto im Internet – auch ein Ausdruck in Schwarz-Weiß ist bereits hilfreich.

Den Lieblingskunden visualisieren

Das Resultat: Ihr Text wird persönlicher, konkreter, wirkungsvoller. Und natürlich wirkt er auch auf die anderen Adressaten, die Ihrer Zielperson ähnlich sind.

Die Erfahrung zeigt: Oft kommt das Schreiben ins Stocken, weil wir mit einer bestimmten Formulierung unzufrieden sind. Dann grübeln wir darüber nach, suchen nach Synonymen, überlegen Alternativen und … der rote Faden ist dahin. Wenn Sie die »richtige« Formulierung nicht gleich finden – wie können Sie dennoch im Schreibfluss bleiben? Ganz einfach:

Die Suche nach der richtigen Formulierung

Schreiben Sie das »falsche« Wort, die »falsche« Formulierung hin, markieren Sie es mit einem »xxx« am Ende. Das bedeutet: noch mal umformulieren. Das »xxx« können Sie in längeren Texten über die Suchfunktion bequem ansteuern – Beispiel: Ein tolles xxx Angebot.

- Ihnen fällt gar kein Wort ein? Dann machen Sie es genauso: Schreiben Sie einfach »xxx« hin: »ein xxx Angebot«.

- Sie finden die richtige Überschrift nicht? Dann machen Sie es genauso: Schreiben Sie einfach »Überschrift xxx« hin. Oder verwenden Sie einen Arbeitstitel, zum Beispiel »Kundenbrief zum neuen Jahr xxx«. Eine Idee für die Überschrift ergibt sich während des Textens meist ganz »nebenbei«.

- So bleiben Sie im Schreibfluss. Das Lexikon, das Synonymwörterbuch oder Ihr Konzeptpapier können Sie nach der Textphase konsultieren und dann leicht die richtige Formulierung finden.

NACH DEM TEXTEN: DIE ÜBERARBEITUNG

Bei eigenen Texten wird man leicht »betriebsblind«. Wie bekommen Sie den nötigen Abstand, um einen Text zu beurteilen, den Sie selbst geschrieben haben? Am besten: Sie legen den Text beiseite, Sie »schlafen drüber«, lesen ihn am nächsten Tag erneut und überarbeiten ihn anschließend. Das Ganze wiederholen Sie im Bedarfsfall zwei- bis dreimal.

Ortswechsel vornehmen

Was aber, wenn einmal keine Zeit bleibt für »Beiseitelegen und Drüberschlafen«, weil Ihr Text heute noch raus muss? Versuchen Sie es einmal mit einem Ortswechsel! Ich selbst texte zum Beispiel an meinem Schreibtisch oder direkt am Computer. Zur Korrektur und zum Stil-Check drucke ich den Text aus und überarbeite ihn an meinem Stehpult.

Statt eines Stehpults können Sie natürlich auch den Küchentisch, die Couch oder die Parkbank wählen. Wichtig ist das Prinzip des Ortswechsels: Zwei Orte, zwei Blickwinkel – so lässt sich der eigene Text mit »anderen Augen« lesen und besser beurteilen.

Geben Sie Ihren Text zum Korrekturlesen – aber Vorsicht: Wenn Sie zu Ihrem Text zehn Menschen befragen, erhalten Sie in der Regel zwölf Meinungen. Und das Schlimme daran: Alle Befragten meinen es gut mit Ihnen.

Mehr als acht Augen sehen zu viel

Wählen Sie für Feedback und Korrektur maximal drei Menschen aus – Kollegen, Kunden, Freunde, also Menschen, die Sie gut kennen und von denen Sie ehrliches Feedback erhalten. Dann hören Sie dem Feedback zu – ohne sich gleich zu verteidigen oder sich zu rechtfertigen. Dann lassen Sie das Feedback wirken, schlafen mindestens einmal drüber. Dann ändern Sie etwas an Ihrem Text oder Sie lassen ihn so, wie er ist.

Damit Sie beim nächsten Textprojekt auf Ihre Erfahrungen zugreifen können, sollten Sie diese Erfahrungen sammeln, aufschreiben, dokumentieren:

Nach dem Texten ist vor dem Texten

- Werten Sie die Zusammenarbeit mit Dienstleistern aus: Gab es Zeitverzögerungen, Probleme an den Schnittstellen? Was lief gut? Was muss das nächste Mal besser laufen?
- Dokumentieren Sie den Erfolg: Responsequote, Auftragseingang, Anrufe, Terminvereinbarungen, Anmeldungen – in welchem Zeitraum?
- Werten Sie Feedback aus. Zum Beispiel: Wenn Sie Ihre neue Broschüre verschicken, erhalten Sie in der Regel Feedback von einzelnen Kunden (»Toll, gelungen ...«). Dieses Feedback können Sie sammeln und durch Nachfragen vertiefen:

»Was gefällt Ihnen besonders gut?« »Welche Formulierung spricht Sie besonders an?« »Was verbinden Sie damit?« Die Antworten darauf können Sie als Basismaterial für weitere Marketingaktionen nutzen.

PFLEGEN SIE IHREN WORT-SCHATZ

Mein besonderer Tipp für Sie: Finden, hüten, polieren und pflegen Sie Ihren Wort-Schatz, neudeutsch: Ihr »Wording«.

Das »Wording« beachten

Texte bestehen aus Sätzen. Sätze bestehen aus Wörtern. Wörter – das sind aus linguistischer Sicht die kleinsten selbstständigen Bedeutungsträger, die entscheidend für Inhalt, Sinn und Wirkung Ihrer Texte verantwortlich sind – also für:

- die Denotation: der referenzielle Bedeutungsgehalt, die begriffliche Bedeutung, und
- die Konnotation: die individuelle emotionale und stilistische Bedeutungskomponente.

> **Damit Sie im Kopf der Kunden Wiedererkennungseffekte auslösen, ist die Auswahl und der gezielte Einsatz von Wörtern entscheidend.**

Wort-Schatz fördert Wiedererkennungseffekte

Stellen Sie sich Ihren persönlichen Wort-Schatz zusammen. Ein Glossar mit den 100 wichtigsten Wörtern und Wortverbindungen, die Sie in Ihren Kommunikationsmitteln benutzen. Das ergibt zunächst klare Sprachregelungen, die Sie in allen Medien wiederholen, zum Beispiel auf der Website oder in Broschüren, PR-Texten, Anzeigen oder Mailings: Wenn Sie sich als »Erfolgstrainer« bezeichnen, dann durchgängig. Das heißt: Sie nennen sich nicht einmal »Erfolgstrainer«, dann »Erfolgscoach«, dann »Erfolgsberater« – sondern immer »Erfolgstrainer«.

Sicher: Einzelne Begriffe und Methoden können Sie auch als Marke schützen lassen, zum Beispiel die »Check your Mind®«-Methode. Mit einem Glossar können Sie noch weit umfassender für einheitliche Sprachregelungen sorgen. Das Glossar ist eine Orientierungshilfe:

- für Sie selbst
- für Mitarbeiter, auch für Teilzeit und Minijob-Mitarbeiter, die zum Beispiel »nur« am Telefon für Sie arbeiten
- für Dienstleister wie Grafiker, Webmaster, Büroservice etc.
- für Ihre Kollegen: Besonders wichtig wird das Glossar natürlich dann, wenn sich mehrere Trainer zusammen-geschlossen haben
- für Ihre Empfehlungsgeber: So können Sie dafür sorgen, dass Ihre Empfehlungsgeber Sie mit den »richtigen« Begriffen weiterempfehlen.

100 Wörter – die kommen schnell zusammen, wenn Sie Ihre Texte anhand des folgenden Rasters durchforsten.

DEFINIEREN SIE IHREN WORT-SCHATZ
UND IHRE UN-WÖRTER

Der Wort-Schatz – das sind die Wörter, die Sie benutzen, und zwar überall, exakt so, in genau dieser Schreibweise. Die Un-Wörter – das sind die Wörter, Sie nie benutzen, auch nicht zur Not oder ersatzweise.

Wort-Schatz und Un-Wörter

BEREICH	+ WORT-SCHATZ	– UN-WÖRTER
Berufs-bezeichnung Wer bin ich?	■ Coach ■ Trainer ■ Berater	■ Lehrer
Eigenschaften Wie arbeite ich?	■ schnell ■ gründlich ■ analytisch ■ kritisch ■ provokant ■ verlässlich	■ flexibel ■ innovativ ■ kreativ ■ dynamisch
Produkte Was biete ich an?	■ Seminare oder Trainings? ■ Workshop oder Werkstatt? ■ Motivations-coaching oder Erfolgs-coaching? ■ Leadership-Coaching oder Führungskräfte-Coaching?	■ Kurse

Methoden Welche Methoden verwende ich?	■ eigene Methode® ■ NLP ■ Transaktions-analyse	■ therapeutische Methoden ■ Aufstellung
Charakterisierung/ Kompetenz Als was verstehe ich mich? Diese Charakterisie-rung können Sie sich selbst geben, Sie können aber auch über längere Zeit-raum das Feedback sammeln, das Ihnen Ihre Kunden geben. Was sagen Ihre Kun-den über Sie? »Sie sind eine ... / ein ...« »Ich schätze Sie als ...«	■ Sparringspart-ner oder Dialog-partner? ■ Mentorin oder Coach? ■ Objektive Instanz oder neutraler Mittler? ■ Visionär oder Realist? ■ Macherin? ■ Powerfrau? ■ Lotse oder Scout?	■ Begleiter ■ Therapeut ■ Freund
Arbeitsweise Wie arbeite ich?	■ trainieren oder beraten? ■ unterstützen oder befähigen? ■ bewerten ■ informieren ■ begeistern ■ entwickeln oder erforschen? ■ »direkt in der Praxis anwen-den«	■ gestalten ■ helfen ■ wahrnehmen ■ »on the job« umsetzen

Für alle Wörter Ihres Wort-Schatzes definieren Sie eine einheitliche Schreibweise:

- Mit Bindestrich oder ohne? TextCoach oder Textcoach oder Text-Coach?
- »Seminare + Coaching« oder »Seminare und Coaching« oder »Seminare & Coaching«?
- Abkürzungen oder keine? «Dipl. Ing.« oder »Diplomingenieur«?
- Motivationscoaching oder **Motivations**coaching oder Motivationscoaching?
- »Vertriebstrainings und Kommunikationstrainings« oder »Vertriebs- und Kommunikationstrainings«?
- In welcher Reihenfolge dürfen Begriffe auftauchen?
  - Also immer: »Wir planen, prüfen und bewerten Projekte.« Und nicht: »Wir bewerten, prüfen und planen Projekte.« Oder:
  - »Wir sind das führende Trainingsinstitut für Vertriebstrainings und Kommunikationstrainings.« Aber nicht: »Wir sind das führende Trainingsinstitut für Kommunikationstrainings und Vertriebstrainings.«

Zusätzlich können Sie weitere Charakteristika Ihrer Sprache definieren:

- Welche Anglizismen benutzen wir?
- Wenn wir uns für die sprachliche Gleichbehandlung von Frauen und Männern entscheiden, wie tun wir das? Schreiben wir »Trainerinnen und Trainer« oder »TrainerInnen« oder »Trainer /-innen«? Oder wählen wir eine andere Lösung?
- Wenn wir sprachliche Bilder entwerfen: Aus welchem Bereich entlehnen wir Analogien: Sport, Natur, Segeln, Golfen, Expedition …

Übrigens: Sprache verändert sich. Auch Ihr Wortschatz ist nichts Statisches – deshalb sollten Sie ihn etwa einmal pro Jahr überprüfen!

Und nun: Definieren Sie **Ihren** Wort-Schatz und **Ihre** Un-Wörter!

KURZ VOR KNAPP

Statt eines Nachwortes, in dem es sowieso nur Wiederholungen hageln würde, gebe ich Ihnen zum guten Schluss noch einen Extra-Tipp mit auf den weiteren Text-Weg:

DIE 7-PUNKTE-CHECKLISTE FÜR IHREN SCHNELLEN TEXTCHECK

Nicht immer können Sie einen Text so sorgfältig planen, wie es »eigentlich« richtig wäre. Ihre Kunden wollen die Beschreibung am besten »schon gestern«? Ein Brief muss noch heute raus? Was da hilft? Diese kurze Checkliste für Planung und Überarbeitung:

Manchmal muss es schnell gehen

1.	Wer sind wir für die Leser? Bekannt oder unbekannt? In welcher Beziehung stehen wir zueinander?	☐
2.	Was ist unser Anliegen? Was ist unser Angebot? Um was geht es uns? Wollen wir verkaufen oder uns ins Gedächtnis rufen?	☐
3.	Wen wollen wir erreichen? Wer ist die Zielgruppe? Stammkunden oder Kaltadressen? Lieblingskunden oder Geschäftspartner? Wie »tickt« unser MAN?	☐
4.	Worum geht es? Was ist der Inhalt, welche Informationen und Fakten gibt es, welcher Nutzen ergibt sich für die Leser?	☐

5.	Welche Reaktion wollen wir auslösen? Was wollen wir erreichen? Terminvereinbarung, Anmeldung, Anruf?	☐
6.	Wie verpacken wir das Ganze? Welches Medium wählen wir? Braucht es überhaupt die schriftliche Form oder ist ein Anruf besser? Muss es immer ein DIN-lang Flyer sein? Ist E-Mail die richtige Form?	☐
7.	Welchen Stil wählen wir? Formulieren wir sachlich oder witzig, direktiv oder zurückhaltend? Schreiben wir eher ausführlich oder eher knapp?	☐

DANKE!

Ein herzlicher Dank meinen Kundinnen und Kunden, Partnerinnen und Partnern, die mit ihren Texten zur Anschaulichkeit dieses Buches beigetragen haben:

Ernst Aumüller, Menschen und Teams in Balance,
    www.ernst-aumueller.de
Wolfgang Böhm, Managementpartner,
    www.tqmi-consult.de
Petra Dietrich, Entwicklung Beratung Coaching,
    www.petra-dietrich.de
Daniela Dollinger, Team Factory,
    www.team-factory.com
Heidrun Englert, inlingua Stuttgart,
    www.inlingua-stuttgart.de
Wilhelm Geisbauer, Institut für Organisationsentwicklung,
    www.geisbauer.at
Gabriele Golling, Beratung und Seminare,
    www.gabriele-golling.de
Cornelia Heck, Kommunikationstraining Stimmtraining,
    www.cornelia-heck.de
Gabriele Henkel, Organisationsberatung im Gesundheitswesen,
    www.gabrielehenkel.de
Ildigo Juhasz, Die Beraterin für Mittelstand und Familienunternehmen, *www.die-beraterin.de*
Franz Knist, Qualität Sinn Management,
    www.knist.de
Burghard König, Management Consulting,
    www.burghard-koenig.de
Elisabeth Kräuter, Coaching und Seminare,
    www.elisabeth-kraeuter.de

Rainer Krause, Unternehmensberater und Interimsmanager, *www.rk4management.de*

Jutta Reich, wiss. Mitarbeiterin am Institut für Pädagogik der LMU München, *Reich@lrz.uni-muenchen.de*, *www.ImZiel.de*

Günther Rosche, RoscheManagement, *www.roschemanagement.de*

Dr. Birgit Schneider, Mentorin für Lebenskunst, *www.villavivendi-badtoelz.de*

Bettina Stackelberg, die Frau fürs Selbstbewusstsein, *www.bettinastackelberg.de*

Gisela Weber, Beratungen & Seminare, *www.giselaweber.de*

DER AUTOR

GÜNTHER FROSCH
SPRACHWISSENSCHAFTLER,
TEXTCOACH UND COACH

WAS ICH MITBRINGE
Sprachwissenschaftliches Fachwissen: Studium der Germanistischen Linguistik, Psycholinguistik, Deutsch als Fremdsprache; Abschluss M. A.; Unternehmerische Erfahrung: Von 1994 bis 1998 Inhaber einer Münchner Sprachenschule, seit 1999 als Einzelunternehmer tätig; Ausbildung zum Coach: 2-jährige Ausbildung bei Ulrich Dehner, Konstanzer Seminare

WIE ICH ARBEITE
Ein guter Text entsteht im Dialog: Ich schreibe meinen Kunden nichts »vor«, sondern wir entscheiden gemeinsam, was passt.

WER MEINE KUNDEN SIND
Bildungsanbieter, Trainer, Berater und Coachs aus Deutschland, Österreich und der Schweiz

WAS ICH ANBIETE
TextWerkstatt für Mitarbeiter von Bildungseinrichtungen, die für ihr Programm Seminarangebote zielgruppenspezifisch planen und formulieren; TextCoaching für Trainingsunternehmen und Selbstständige im Bildungsbereich, die ihr Angebot auf den Punkt bringen wollen

Wie Sie mich erreichen
kontakt@frosch.biz
www.frosch.biz

LITERATURVERZEICHNIS

Barz, Heiner; Tippelt, Rudolf (Hrsg.): Weiterbildung und soziale
Milieus in Deutschland. Band 1: Praxishandbuch Milieumarketing. Bielefeld, Bertelsmann, DIE spezial, 2. Auflage 2007

Bernecker, Michael; Gierke, Christiane; Hahn, Thorsten: Akquise
für Trainer, Berater, Coachs. Offenbach, GABAL Verlag 2005

DIN Deutsches Institut für Normung e.V. (Hrsg.): Schreib- und
Gestaltungsregeln für die Textverarbeitung. Sonderdruck von
DIN 5008: 2005. Berlin, Wien, Zürich, Beuth 4/2005

Förster, Hans-Peter: Corporate Wording. Das Strategiebuch.
Frankfurt a. M., Frankfurter Allgemeine Buch, 2. Auflage 2003

Friedrich, Kerstin: Erfolgreich durch Spezialisierung. München,
Redline, 2. Auflage 2007

Frosch, Günther: Milieuspezifische TextWerkstätten.»Legen-
den« als Marketinginstrumente. In: Tippelt, Rudolf (Hrsg.):
Weiterbildung und soziale Milieus in Deutschland. Band 3:
Milieumarketing implementieren. Bielefeld, Bertelsmann 2008,
S. 40–42

Häuser, Jutta: Marketing für Trainer. Kein Profi(t) ohne Profil.
Bonn, managerseminare Verlag, 2. Auflage 2003

Hofert, Svenja: Erfolgreiche Existenzgründung für Trainer, Berater,
Coachs. Offenbach, GABAL Verlag 2006

Krug, Steve: Don't make me think! Web Usability – Das intuitive
Web. Heidelberg, mitp, 2. Auflage 2006

Neumann, Jörg; Herrmann, Sven: Formulieren ohne Floskeln.
Geschäftskorrespondenz mit Pep und Persönlichkeit. München,
Redline 2006

Samland, Bernd M.: Unverwechselbar. Name, Claim und Marke.
Planegg/München, Haufe 2006

Schlote, Axel: Treffsicher texten. Briefe, Reden und andere Texte
lebendig und stilvoll formulieren. Weinheim und Basel, Beltz
2004

Schneider, Wolf: Deutsch! Das Handbuch für attraktive Texte. Reinbek, Rowohlt 2005

Vögele, Siegfried: Dialogmethode. Das Verkaufsgespräch per Brief und Antwortkarte. Landsberg/Lech, moderne industrie 1998

Werder, Lutz von: Erfolg im Beruf durch kreatives Schreiben. Berlin, Schibri Verlag 1995

Zehrt, Wolfgang: Die Pressemitteilung. Konstanz, UVK 2007

STICHWORTVERZEICHNIS

Unsere Covey-Bestseller

Management – fundiert und innovativ

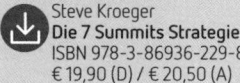
Steve Kroeger
Die 7 Summits Strategie
ISBN 978-3-86936-229-8
€ 19,90 (D) / € 20,50 (A)

Markus Väth
Feierabend hab ich,
wenn ich tot bin
ISBN 978-3-86936-231-1
€ 19,90 (D) / € 20,50 (A)

David Allen
Ich schaff das!
ISBN 978-3-86936-178-9
€ 24,90 (D) / € 25,60 (A)

Brian Tracy
Keine Ausreden!
ISBN 978-3-86936-235-9
€ 29,90 (D) / € 30,80 (A)

Hans-Uwe L. Köhler
Die Perfekte Rede
ISBN 978-3-86936-228-1
€ 24,90 (D) / € 25,60 (A)

Svenja Hofert
Das Slow-Grow-Prinzip
ISBN 978-3-86936-236-6
€ 24,90 (D) / € 25,60 (A)

Andreas Buhr
Vertrieb geht heute anders
ISBN 978-3-86936-230-4
€ 29,90 (D) / € 30,80 (A)

Tom Peters
The Little Big Things
ISBN 978-3-86936-171-0
€ 29,90 (D) / € 30,80 (A)

Stefan Merath
Die Kunst seine Kunden
zu Lieben
ISBN 978-3-86936-176-5
€ 29,90 (D) / € 30,80 (A)

Weitere Informationen finden Sie unter www.gabal-verlag.de

Unterhaltsame Schweinehundzähmung

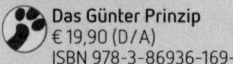

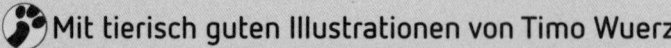

Weitere Informationen finden Sie unter www.gabal-verlag.de

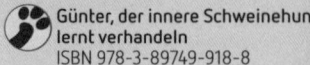

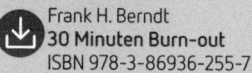

audissimo – Hörwissen für Eilige

Jede CD
Laufzeit ca. 60 Minuten
€ 16,90 (D/A)

Martin Wehrle
30 Minuten Karrieresprung
ISBN 978-3-86936-280-9

Rudolf Müller, Martin Jürgens
30 Minuten für effektive Selbstlerntechniken
ISBN 978-3-86936-216-8

Lothar Seiwert
30 Minuten für deine Work-Life-Balance
ISBN 978-3-89749-945-4

Claudia Fischer
30 Minuten Business-Telefonate, die begeistern
ISBN 978-3-86936-282-3

Alexander Groth
30 Minuten Stärkenorientiertes Führen
ISBN 978-3-86936-281-6

Helmut Muthers
30 Minuten für „ver-rückte" Unternehmer
ISBN 978-3-86936-213-7

Mathias Gnida
30 Minuten gegen Flugangst
ISBN 978-3-86936-214-4

Moritz Boerner
30 Minuten für die Auflösung von Ärger und Frustration
ISBN 978-3-86936-215-1

Frank H. Berndt
30 Minuten gegen Burn-out
ISBN 978-3-86936-039-3

Weitere Informationen finden Sie unter www.gabal-verlag.de

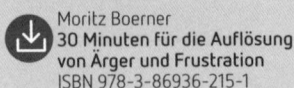

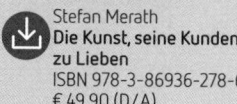

Stefan Merath
Die Kunst, seine Kunden zu Lieben
ISBN 978-3-86936-278-6
€ 49,90 (D/A)

Boris Nikolai Konrad
Das perfekte Namensgedächtnis
ISBN 978-3-86936-277-9
€ 25,90 (D/A)

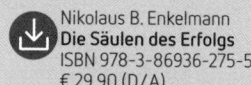

Nikolaus B. Enkelmann
Die Säulen des Erfolgs
ISBN 978-3-86936-275-5
€ 29,90 (D/A)

Iris Haag
Wirkung²
ISBN 978-3-89749-943-0
€ 16,90 (D/A)

Peter Klaus Brandl
Crash Kommunikation
ISBN 978-3-86936-276-2
€ 39,90 (D/A)

Ben Tiggelaar
Träumen Wagen Tun
ISBN 978-3-86936-208-3
€ 25,90 (D/A)

Ralph Goldschmidt
Shake your Life
ISBN 978-3-86936-209-0
€ 39,90 (D/A)

Cornelia Topf
Einfach mal die Klappe halten
ISBN 978-3-86936-274-8
€ 39,90 (D/A)

Gitte Härter
Nerv nicht!
ISBN 978-3-86936-211-3
€ 29,90 (D/A)

Thomas Burzler
Mission Profit
ISBN 978-3-86936-094-2
€ 39,90 (D/A)

Ardeschyr Hagmaier
Ente oder Adler
ISBN 978-3-89749-689-7
€ 25,90 (D/A)

Barbara Schneider
Fleißige Frauen arbeiten, schlaue steigen auf
ISBN 978-3-86936-149-9
€ 39,90 (D/A)

Weitere Informationen finden Sie unter www.gabal-verlag.de